U0186565

东莞植物园

专类园建设实践

伍　勇 / 主编

SPM 南方出版传媒
广东科技出版社｜全国优秀出版社
·广　州·

图书在版编目(CIP)数据

东莞植物园专类园建设实践 / 伍勇主编. —广州：广东科技出版社，2020.3
ISBN 978-7-5359-7416-7

Ⅰ. ①东… Ⅱ. ①伍… Ⅲ. ①植物园—建设—研究—东莞 Ⅳ. ① Q94-339

中国版本图书馆 CIP 数据核字（2020）第 021699 号

东莞植物园专类园建设实践
Dongguan Zhiwuyuan ZhuanLeiyuan Jianshe Shijian

出 版 人：朱文清
责任编辑：区燕宜 罗孝政
封面设计：柳国雄
责任校对：谭 曦
责任印制：彭海波
出版发行：广东科技出版社
（广州市环市东路水荫路 11 号 邮政编码：510075）
销售热线：020-37592148/37607413
http：//www.gdstp.com.cn
E-mail：gdkjzbb@gdstp.com.cn（编务室）
经 销：广东新华发行集团股份有限公司
印 刷：广州市彩源印刷有限公司
（广州市黄埔区百合 3 路 8 号 邮政编码：510700）
规 格：787 mm × 1 092mm 1/16 印张 15 字数 300 千
版 次：2020 年 3 月第 1 版
2020 年 3 月第 1 次印刷
定 价：168.00 元

《东莞植物园专类园建设实践》

编委会

主编单位：东莞植物园

主　　编：伍　勇

副 主 编：袁志永　黄俊庆　黄小凤　冯欣欣　卓书斌

编　　委：（按姓氏拼音排序）

蔡楚雄　蒋正东　赖翰雯　李　瑜　李宇枫　凌娃娃　刘东升

刘健勋　刘世平　刘志贤　马洪洋　莫巧玲　欧阳勤森　石文婷

韦阳连　吴　宪　吴圆凤　杨柳慧　叶国富　余金昌　周志东

主编简介

伍勇，教授级园林高级工程师，1982年从湖南农业大学毕业分配到湖南省湘潭市园林处从事园林设计工作，2001年调入东莞市园林管理所。

2011年，在第八届中国（重庆）国际园林博览会上，其主持设计和施工的东莞园荣获组委会颁发的室外展园金奖；2013年，在第九届中国（北京）国际园林博览会上，其被广东省建设厅遴选为专家组成员并被聘为广东省岭南园园长主持岭南园建设，该园荣获组委会颁发的最高奖室外展园综合大奖、展园施工大奖、植物配置大奖、建筑小品大奖。

2014年起任东莞植物园主任，上任后着力推动东莞植物园专类园建设。2016—2018年，作为东莞植物园一期工程总指挥，全程主持了12个植物专类园的建设，将东莞植物园建设成为物种丰富、景观独特的风景观赏型植物园，为美丽东莞建设和东莞城市品质提升增添了浓墨重彩的一笔。

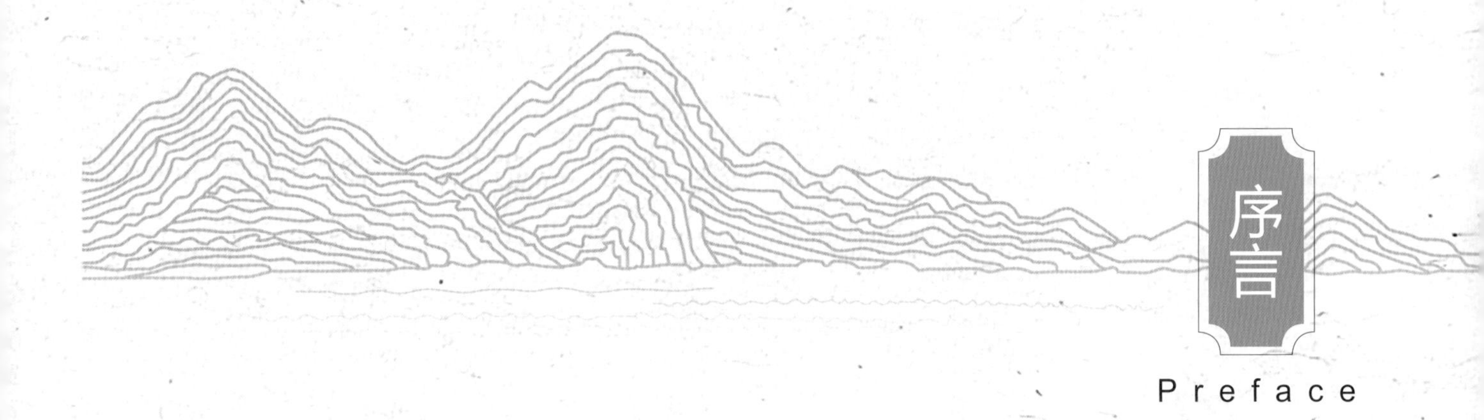

序言

Preface

随着我国改革开放及城市化的步伐加快，城市生态环境问题也面临着前所未有的挑战，所以，是否拥有植物园便成为现代城市的重要标志之一。在国务院2001年发布的《关于加强城市绿化建设的通知（国发〔2001〕20号）》提出“有条件的城市要加快植物园……的建设”前的1998年，改革先行的东莞市便决定把1958年建立的国有“林场”“园艺场”加以改造、提升为以“物种保育、科学研究和科普教育”为主要功能的公益型植物园，令人钦佩！

作为把植物园的建设、科研和科普等当成一辈子事业的本人，既立足于地处滇南边陲的中国科学院西双版纳热带植物园，又因在1989—2005年担任中国科学院植物园工作委员会主任，十分关注我国植物园的发展。所以，在2006年东莞植物园改制后，本人便到该园进行过两次考察，看到了该园合并了绿色世界城市公园以后，已具有一个较好的城市植物园雏形。在随后的2009—2015年，本人先后被邀请参加该园的规划设计招标会、植物专类园的规划专家咨询会并进行学术交流。2018年4月19日，我又应邀参加了该园的12个植物专类园建成开园仪式，了解到该项目于2016年8月1日开始施工，只经历不到两年的时间就全部建成，真是东莞的速度与效率！我在那次的开园仪式上被邀请做了题为“万唤千呼迎开园，绿水青山添新颜；美丽东莞好去处，休闲市民喜洋洋”的简短发言，以表达那时的感慨心情。

前几天，我收到并拜读了该园园长伍勇先生主编并即将出版的《东莞植物园专类园建设实践》书稿。该书图文并茂，详细地介绍了该园以植物专类园为主的建园实践，并总结了一些宝贵的经验。东莞植物园的规划设计是基于以“物种保育、科普教育、生态休闲”为主要功能的准确定位，在所展示的约 3 500 种植物中，多数是具有岭南特色的种类和一些园林园艺品种，既保护了地方的植物多样性，又增添了该园的美色。该园在优美的“艺术外貌”营造上，体现出了岭南山水园林的韵味，并且融合了国际上一些流派的园林风格，体现了东莞海纳百川的城市精神。根据生态学的原理，在专类园的规划和建设上遵循了各得其所的生境布局并进行了凿池堆丘、叠石铺沙等合适改造，加上精美的植物名牌和简要的自然历史介绍等，使植物专类园具有丰富的“科学内涵”。而荔枝园、莞香园、草药园和橡胶园的展示，则具有东莞地方以及我国相关的植物传统“文化底蕴”，这些都已较好地体现了我国近代植物园建设的理念。

东莞植物园在建园上的成功使其成为东莞的一张重要生态名片，得益于当今我国的绿色发展、生态文明建设国策和“绿水青山就是金山银山”理念的“天时”，得益于东莞市党政领导的密切关注与大力支持，得益于与中国科学院华南植物园和华南农业大学等的合作与共建，得益于东莞广大市民的支持，以及东莞植物园职工的凝心聚力。本人相信，只要进一步加强人才引进与培养、科学研究和植物多样性保护、为地方经济社会发展做贡献等方面的工作，不久的将来，东莞植物园一定会更上一层楼，跻身于我国一流植物园的行列。

经过多年的努力，东莞植物园已符合国际植物园保护联盟（BGCI）在 2000 年和 2013 年所发布的《植物园保护国际议程》第一版、第二版中，对植物园所下的最新定义，成为一座名副其实的现代植物园，而且在以植物专类园为主的植物园建设中，积累和总结了很好的经验，这对于我国植物园，尤其是那些正在转型的很多城市公园来说，具有重要的借鉴意义。所以，当我被邀请对即将出版的该书作序时，我便欣然接受，而写了如上的“序言”以飨读者。

许再富（终身研究员）
中国科学院西双版纳热带植物园前园长
2019 年 3 月于昆明

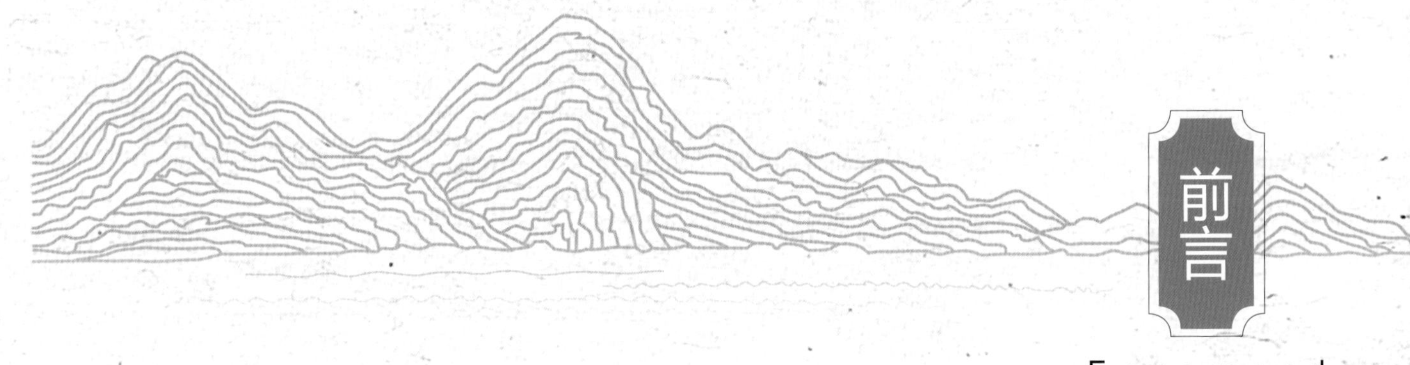

前言

Foreword

2016年8月1日，筹备近十年的东莞植物园工程终于开工建设，2018年4月19日，一期工程建设的12个专类园正式开园，这是东莞植物园值得庆贺的日子。

东莞植物园从东莞县国营板岭林场（1958—1986年）、东莞市板岭园艺场（1986—1998年）、东莞市植物园（1998—2006年）到东莞植物园（2006年至今），走过了不平凡的岁月。2006年7月，“东莞市植物园”与“绿色世界城市公园”整合更名为“东莞植物园”，划归东莞市城市综合管理局（现东莞市城市管理与综合执法局）管理，东莞市政府决定在此基础上按现代植物园的理念高水平规划建设东莞植物园，将其打造为东莞的城市名片和生态名片。从2007年开始，东莞植物园便开始筹建，但是由于种种原因，东莞植物园工程项目在2013年还未动工便停顿了下来。

2014年1月，我调入东莞植物园任园主任。在这之前的13年里，我一直在东莞市园林管理所（现东莞市市政园林管理中心）从事园林设计、施工和管理工作，并有机会参加了第八届中国（重庆）国际园林博览会“东莞园”和第九届中国（北京）国际园林博览会“岭南园”的建设，也因此展露了造园才能，被组织安排到东莞植物园推动和主持东莞植物园的建设。

2014年3月，《国家新型城镇化规划（2014—2020年）》颁布实施。在全国大力开展生态文明和新型城镇化建设及东莞打造“国际制造名城，现代生态都市”的形势下，东莞植物园的建设重新提上了议事日程。2014年5月28日，时任东莞市委书记徐建华亲临东莞植物园调研规划建设情况，提出“东莞有如此大面积且靠近市区的植物园非常珍贵，要精心打造植物园，通过植物物种的引进、培育、科研，促进园区内和东莞

的生物多样性”。在东莞市委市政府和相关部门的大力支持下，东莞植物园在2015年6月获批重新启动建设，并决定分两期进行建设，一期工程主要建设12个专类园，二期工程为后续功能提升项目。

植物园不同于一般公园，它是“拥有活植物收集区，并对收集区内植物进行记录管理，使之可用于科学研究、保护、展示和教育的机构”。我从事园林行业30余年，但在植物园界，我是个新人，我很清楚植物园与普通园林不一般，因而倍感压力。2014年10月，我第一次参加在上海辰山植物园举办的中国植物园学术年会，感受到了国内植物园蓬勃发展的气息和浓浓的学术氛围。通过虚心学习和请教，我对植物园的内涵有了一定的认识，对如何建设一个有地方特色的植物园有了初步想法，回来便着手组织对东莞植物园原规划设计方案进行优化提升。优化方案根据东莞植物园分两期建设的决策来制订，经过调研和论证，第一期决定建设名树名花园、岩石园、荔枝园、杜鹃园、兰花园、草药园、莞香园、儿童植物园、芳香植物园、彩叶植物园、山茶园和橡胶文化园12个专类园，其中重点建设岩石园和名树名花园。经过一年多的项目前期工作和近两年的工程施工，一个拥有活植物收集区、具东莞特色的、美丽的东莞植物园终于绽放。

在东莞植物园的筹建和建设过程中，植物园的前辈和同行们给予了我园大力的支持和大量的帮助，在此表示衷心的感谢！东莞植物园一期工程的建成是我园发展的一个新起点，来过东莞植物园的人都说东莞植物园是个美人胚，地形地貌好，水体丰富，风景秀美，但我们知道东莞植物园的科学内涵和文化底蕴还需努力和时日积淀。东莞植物园的一草一木、一山一石，倾注了东莞植物园几代人的心血。我很幸运，在我们这一代亲历了东莞植物园从城市公园到植物园的华丽转身，并取得了良好的社会反响。在此，对东莞植物园老一辈工作者的贡献和积累深表敬意！在一期工程建成之际，我们把东莞植物园专类园的建设过程、建设内容和经验教训进行了收集、整理和记录，作为阶段性总结将其付梓成书，以期对国内外同行在植物园建设尤其是专类园建设方面有所借鉴。

本书分为七个章节，前面三章分别介绍东莞植物园的概况、建设过程和规划设计，第四章和第五章分别重点介绍岩石园和名树名花园的建设实践，第六章简要介绍其他专类园的建设实践，第七章总结东莞植物园一期建设的经验教训和介绍二期建设内容，附录主要介绍引种的代表性植物。由于水平有限，不足之处敬请读者谅解和批评指正。

2019年3月于东莞

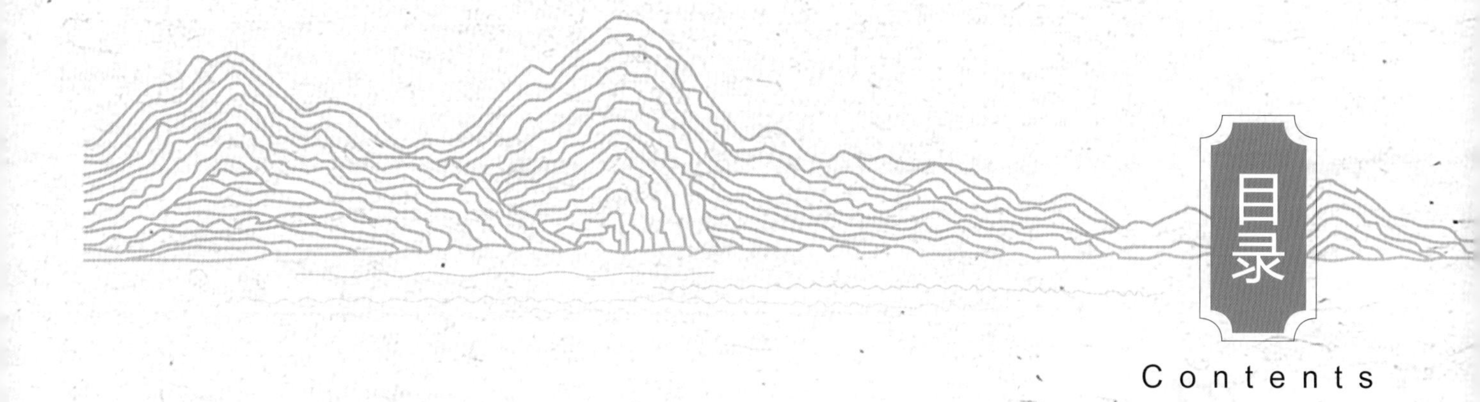

目录

Contents

第六章

第七章

附录

第一章 东莞植物园概况

一、地理位置

东莞植物园位于广东省东莞市南城区，东经 113°44′~113°46′，北纬 22°55′~22°58′，毗邻东莞市行政中心（距离 7 千米）和东莞 CBD 核心区（距离 3 千米），与东面的同沙生态公园、东莞市现代农业科技园，南面的水濂山森林公园，西面的水濂山水库共同组成了东莞市核心区主要的“生态绿肺”。东莞植物园总面积约 420 公顷，其中展示园区 200.5 公顷，园区地貌类型以丘陵台地为主，坡度较缓，山水资源丰富。

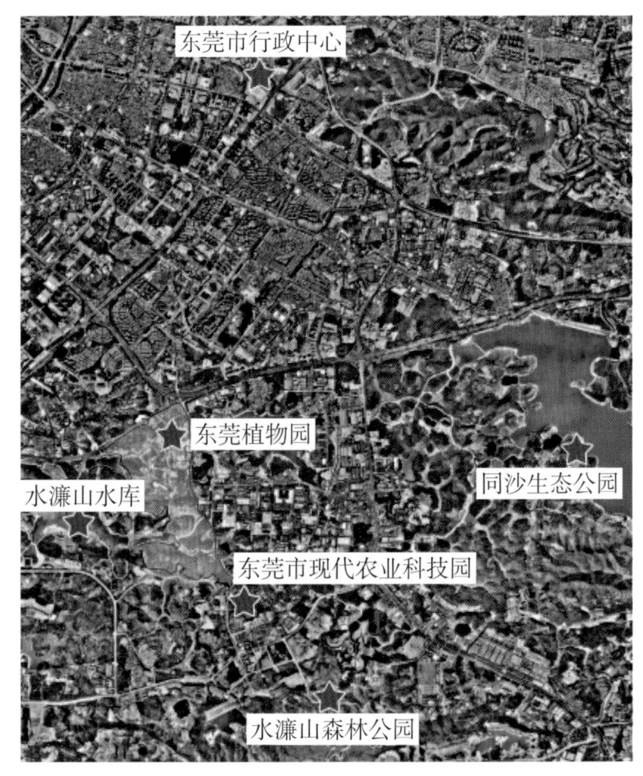

东莞植物园生态区位

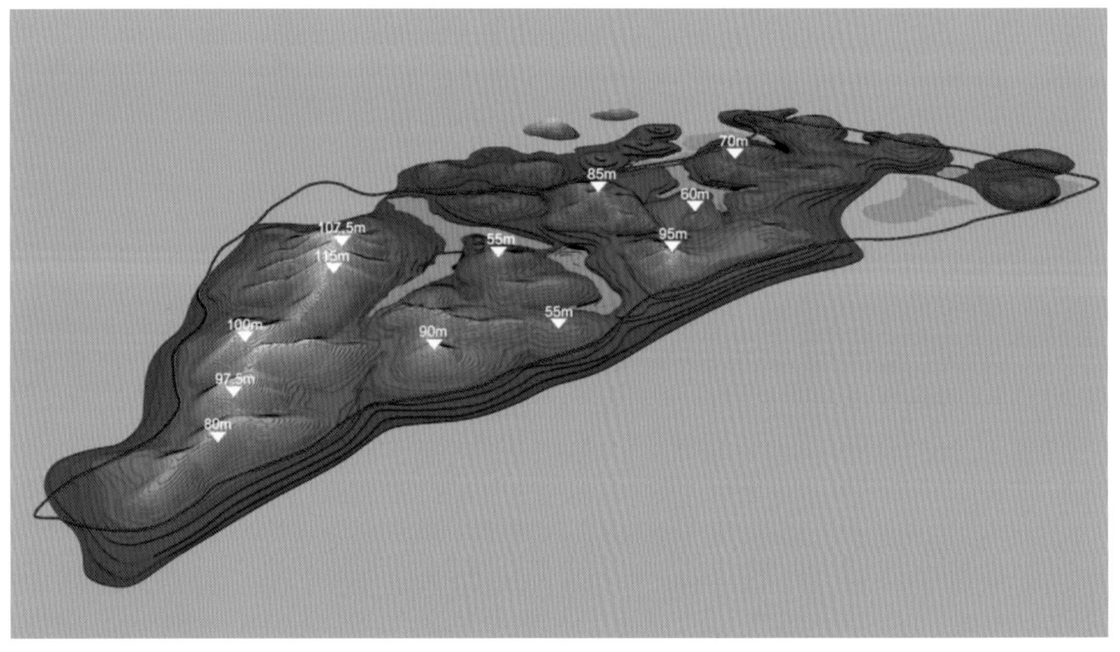

东莞植物园地形地貌

二、自然环境特征

东莞植物园所在地东莞市南亚热带季风气候显著，具有光照充足、热量丰富、气候温暖、温度变幅小、雨量充沛及干湿季明显等特点。累年年平均气温为22.2℃，年较差为14.4℃，年极端最高气温37.8℃，年极端最低气温3.1℃；候平均气温最小值是13.7℃。按应用气候学常用的划分四季标准，即候平均气温小于10℃为冬季，大于或等于22℃为夏季，则东莞市没有气候意义上的冬季，而夏季却从4月中旬开始到10月下旬，长达190多天。累年平均太阳总辐射量为456.9千焦/厘米^2，累年平均日照总时数为1 959.5小时，累年年平均降水量为1 802.5毫米，年内降水量多集中在4—9月。

园区土壤类型为发育于花岗岩或砂页岩为主的赤红壤，土层较深厚，石砾含量较多，pH为4.15~4.72，表土层有机质含量偏低，为22.63~32.4克/千克，全氮含量为1.19~1.86克/千克，有效氮含量为83~92.3毫克/千克，速效磷和速效钾含量偏低，分别为0.8~2.3毫克/千克、16.3~35.7毫克/千克。

园区所在地植被类型为南亚热带低地常绿阔叶林，组成种类以壳斗科、樟科、山茶科、大戟科、金缕梅科、桃金娘科、梧桐科及山龙眼科等热带性较强的一些种类为主，具有板根、茎花、绞杀等热带雨林现象，但不很明显。由于长期人为活动的干扰，建园前园区植被以各种人工林为主，主要有加勒比松林、橡胶林、窿缘桉林、白兰林和荔枝林等。

三、历史沿革

东莞植物园的前身是1958年成立的东莞县国营板岭林场，隶属于东莞县农林局，当时的主要功能是造林绿化。20世纪50—60年代，东莞很多地方还是没有植被的荒山，板岭林场的职工深入荒山，成为东莞城市森林的缔造者。20世纪70年代，板岭林场主要种植了松树、桉树、相思树、橡胶树和白兰树等树种，至今植物园内仍然保存有当时种植的橡胶树约60亩（亩为已废除单位，1亩≈666.67米^2），为我国分布最北缘橡胶林之一，是1960年板岭林场职工和下乡知青响应国家发展橡胶工业的号召所种植。此外，植物园内还保留有1970年林场职工种植的白兰树，那时，采集白兰的嫩叶和花用于提炼精油和制作花茶一度成为林场职工的主要收入来源之一。

20世纪80年代东莞大力发展水果产业，板岭林场于1986年改为“东莞市板岭园艺场”，并增挂“东莞市果树科学研究所”的牌子，1986年10月至1990年2月划归东莞市水果发展公司管理，1990年3月划归东莞市农业科学研究所（现东莞市农业科学研究中心）管理。园艺场期间大量种植荔枝、龙眼、柑橘、杧果等水果，并且发展花卉产业。植物园内现在保留的荔枝、龙眼大多是那时种下的。

进入20世纪90年代，东莞发展农业观光旅游，1997年“绿色世界生态农业旅游区”建成开放。为顺应板岭地域自然生态的保护，配合东莞农业新技术综合开发区的规划和开发，1998年“东莞市板岭园艺场”变更为“东莞市植物园”，隶属于东莞市农业局直属单位东莞市农业科学研究中心，从此按照植物园“物种保育、科学研究和科普教育”的主要职能方向发展。

伴随着时代的脚步，进入 21 世纪。2005 年“绿色世界生态农业旅游区”改建为“绿色世界城市公园”（2007 年春节建成开放）；2006 年，“东莞市植物园”与“绿色世界城市公园”整合更名为“东莞植物园”，划归东莞市城市综合管理局管理。2007 年，东莞市政府决定高标准规划建设东莞植物园，把东莞植物园建成东莞的城市名片和生态名片。

四、建园基础

（一）工作基础

自 1998 年改为植物园以来，东莞植物园逐步开展了植物引种、专类园建设及相关科研、科普工作。陆续建设了珍稀植物园、草药园、莞香园、百果园、月季园、爵床科植物区、植物进化科普园、水生植物区和儿童科普小天地等植物专类园区。在 2016 年启动的新园区专类园建设中，将其中的百果园改建成了名树名花园的莲湖景点及澳洲植物区，儿童科普小天地改建成了儿童植物园，草药园和莞香园在新园区中重建。至 2016 年 8 月 1 日东莞植物园一期工程（主要建设 12 个专类园）开工前：在引种方面，园区植物种类由 1998 年的 600 多种增加至 1 500 多种；在科普方面，园区开展了“中草药与中医药文化专题科普活动”“有毒和致敏植物科普展览”“珍稀濒危植物保护创新论坛”“生态文明建设与植物园发展创新论坛”等公众科普教育活动，先后被评为“东莞市科普教育基地”和“广东省科普教育基地”；在科研方面，园区承担和完成了省、市各类科研项目 20 余项，其中“荔枝种质资源的收集、评价与利用”为重点研究方向之一，建立的荔枝种质资源圃保存荔枝种质资源 256 份（含品种、品系和单株），是当前世界保存荔枝种质资源最多的荔枝资源圃之一，成为华南农业大学中国荔枝研究中心东莞研究基地。

旗杆广场（摄于 2015 年 7 月，东莞植物园一期工程建设前）

（二）园区基础

东莞植物园是在2007年建成开放的绿色世界城市公园的基础上按植物园的理念进行规划建设的，园区规划面积3 008亩，其内的一级路网、基础绿化基本完善，还有旗杆广场、凌波桥、镜湖、大草坡、停车场等景点和设施，为植物园的规划建设提供了良好的基础条件。

局部鸟瞰图（摄于2007年4月，绿色世界城市公园建成初期）

局部鸟瞰图（摄于2015年7月，东莞植物园一期工程建设前）

大草坡（摄于 2015 年 7 月，东莞植物园一期工程建设前）

镜湖（摄于2007年春节，绿色世界城市公园开放）

镜湖（摄于2015年7月，东莞植物园一期工程建设前）

镜湖（摄于2016年4月，东莞植物园一期工程建设前）

局部鸟瞰图（摄于2015年7月，东莞植物园一期工程建设前）

凌波桥（摄于 2007 年春节，绿色世界城市公园开放）

镜湖（摄于 2015 年 7 月，东莞植物园一期工程建设前）

第二章

东莞植物园建设过程

东莞植物园于2007年开始筹建，经历了前期调研、东莞市城乡规划局组织规划设计招标、东莞市城建工程管理局代建和东莞市城市综合管理局建设等阶段，至2016年8月1日东莞植物园一期工程（主要建设12个专类园）正式开工建设，2018年4月19日东莞植物园新建专类园区初步建成对外开放。

一、前期调研

2007年4月第三届世界植物园大会在中国科学院武汉植物园召开，东莞市城市综合管理局第一次派代表参加植物园系统的会议，借此机会，我们向植物园界的前辈们学习、交流植物园的建设经验，并到武汉植物园、庐山植物园、南京中山植物园、上海辰山植物园进行调研。通过学习、交流和调研，结合东莞植物园的实际情况，东莞市城市综合管理局向市政府上报了启动东莞植物园规划建设的请示，2007年9月27日，东莞市政府批复同意启动东莞植物园的规划建设，并明确规划工作由东莞市城乡规划局牵头负责。

二、东莞市城乡规划局规划设计招标

东莞市城乡规划局从2007年10月开始筹备东莞植物园规划工作，先后进行了调研、专家论证、编制《东莞植物园规划设计任务书》等工作，并向市政府请示，于2009年5月12日确定了东莞植物园的建设规模，即投资匡算控制在155 414.2万元以内，工程进行限额建设。2009年6月26日，东莞市城乡规划局组织举行了东莞植物园规划及建筑方案设计招标发布会，有5家设计单位参加了本次规划设计招标并提交了设计成果。2009年8月20日，东莞市城乡规划局会同东莞市财政局、东莞市城市综合管理局、东莞市城建工程管理局、东莞植物园等有关单位举行了东莞植物园规划设计招标专家评审会。植物园、建筑及规划类9位专家对5家投标单位的设计成果进行评议，最后评选出方案1（中国美术学院风景建筑设计研究院）和方案4［广东省建筑设计研究院（主体单位）与D+H英国道灏景观规划设计事务所（中国分部：广州道灏景观设计有限公司联合体）］为优胜方案。其中方案1（中国美术学院风景建筑设计研究院）为中标方案及中标单位。但后来由于中标单位在收费费率及设计费支付方式等合同细则方面与建设单位分歧严重，最后未达成共识，中标单位主动放弃本工程的设计，因此，最后由方案4的设计单位即广东省建筑设计研究院（主体单位）与D+H英国道灏景观规划设计事务所（中国分部：广州道灏景观设计有限公司联合体）作为东莞植物园的设计单位。

三、东莞市城建工程管理局代建

2010年7月23日确定设计单位后，东莞市城建工程管理局接手开展后续工作。首先是对方案进行深化完善，以中标方案为基础，融合其他方案的优点，并充分征求业主单位的意见，完成了初期设计及施工图设计工作。至2012年底，东莞市城建工程管理局完成了东莞植物园工程项目的规划设计、环评报告、水土保持报告、工程勘察报告、规划方案报批、初步设计审查、概算审核、施工图审查备案、预算编制及招标文件编制等项目前期工作，并准备招标建设。但由于种种原因，2013—2014 年工程暂缓实施。

四、东莞市城市综合管理局建设

2014 年，在全国大力开展生态文明建设和东莞实施新型城镇化发展战略、打造“国际制造名城，现代生态都市”的形势下，东莞植物园的建设重新提上了议事日程。2014 年 5 月 28 日，时任东莞市委书记徐建华亲临东莞植物园调研规划建设情况，提出“东莞有如此大面积且靠近市区的植物园非常珍贵，要精心打造植物园，通过植物物种的引进、培育、科研，增加园区内和东莞的生物多样性”。2014 年 9 月，东莞市城市综合管理局和东莞市城建工程管理局联合向市政府请示启动东莞植物园工程项目。经过多方征求意见和会议讨论，2015 年 6 月 23 日，东莞市政府批复东莞植物园工程分两期进行建设，一期工程主要建设 12 个专类园，由东莞市城市综合管理局组织建设（考虑到专类园建设的专业性），投资规模沿用 2009 年市政府批复的投资匡算；二期工程为后续功能提升项目，主要建设游客服务中心、停车场等配套项目。

东莞市城市综合管理局首先组织了对原设计方案的优化提升，并邀请国内植物园系统权威专家进行论证，形成了新的《东莞植物园总体规划》。新的总体规划报市政府审定后，根据东莞植物园分两期建设的规划，东莞市城市综合管理局组织实施了东莞植物园一期工程。一期工程主要是建设 12 个专类园，由于建设内容与东莞市城建工程管理局代建时期的建设内容变化较大，因此，从方案设计、初步设计、概算编制、施工图设计、预算编制到招标文件编制及各项报批手续等前期工作程序都重新做了一遍。整个工程分为园建 3 个标段和绿化 1 个标段进行工程招标建设；对于部分专类园的名树名花及引种苗木采用政府采购的方式进行采购。2016 年 8 月 1 日，东莞植物园一期工程正式开工建设。一期工程主要建设名树名花园、岩石园、荔枝园、杜鹃园、兰花园、草药园、莞香园、儿童植物园、芳香植物园、彩叶植物园、山茶园和橡胶文化园 12 个专类园，其中名树名花园、岩石园为重点建设专类园，名树名花园中还有百花涧、华芳苑、樱花苑、澳洲植物区、沙生植物区和欧洲台地花园等景点。2018 年 4 月 19 日，东莞植物园一期工程（专类园）基本建成并正式对外开放。

东莞植物园重新启动和建设期间，得到了各级领导和国内同行的大力支持。2015 年 4 月 30 日，东莞市城市综合管理局与中国科学院华南植物园签署了《共建东莞植物园合作框架协议》，双方就物种引进与保育、植物科学研究、专类园规划与建设、人才培养等方面开展合作共建，为东莞植物园的建设与发展提供强有力的科学支撑。

2015 年 3 月 30 日，东莞植物园规划设计优化提升论证会

2015 年 3 月 30 日，东莞城管局时任领导和植物园工作人员与专家合影

2015 年 3 月 30 日，时任东莞市委书记徐建华和东莞副市长鲁修禄与专家合影

2016 年 8 月 1 日，东莞植物园一期工程正式开工

2016 年 8 月 1 日，东莞植物园一期工程开工植树活动

2018 年 4 月 19 日，东莞植物园专类园开园

2018 年 4 月 19 日，东莞植物园专类园开园游园活动

2015 年 4 月 30 日，与中国科学院华南植物园签订合作框架协议

第三章 东莞植物园的规划设计

一、功能定位

东莞植物园隶属于东莞市城市综合管理局，属于地方城市植物园。东莞位于广州和深圳之间，北有中国科学院华南植物园，南有深圳市中国科学院仙湖植物园，两个园都属于中国科学院系统的大型综合性植物园，实力雄厚。经过调研、分析与论证，参考国内同类植物园的建园经验，结合东莞的地域特色和植物资源状况，东莞植物园遵循“为城市服务、有所侧重、具地域特色”的原则，明确其功能定位为：以“物种保育、科普教育、生态休闲”为主要功能，重点收集和展示岭南特色植物种类和园林园艺植物种类，建成国内一流的风景观赏型植物园，使之成为东莞的生态名片和旅游精品。

二、规划理念

根据我国植物园的发展建设思路，建设集“科学内涵、艺术外貌和文化底蕴”于一体的植物园。东莞植物园的规划遵循以下理念。

（一）科学的理念

依据恢复生态学原理和环境友好的理念，在保护园区现有特色植被景观的基础上，开展园区改造和景观构建工作；在充分体现保护生物多样性和遵循植物本身生物生态学特性的基础上，科学合理地安排园区布局，打造特色专类园区。

（二）美学的理念

一个好的植物园首先要具有非常优美的园林景观，东莞植物园定位为风景观赏型植物园，因此在该园建设中注重突出观赏性，充分发掘东莞植物园山水资源丰富的自然条件，突出岭南山水的韵味，并且融合国际各流派的园林风格，充分表现植物自身千变万化的美和东莞海纳百川的城市精神。

东莞植物园总体规划

东莞植物园总体规划鸟瞰图

（三）文化的理念

挖掘岭南文化的精髓，使文化理念贯穿园区规划建设的始终。东莞具有悠久而深厚的荔枝文化和莞香文化，通过特色专类园区的建设向公众展示岭南文化的内涵。具体体现为：海纳百川，丰富园区植物；标志形象，汇聚周边人气；显山露水，强化场所个性；休闲旅游，突出植物特色；寓教于乐，关注大众科普；植物造景，让景观自然生长；智慧园区，线上线下结合。

三、规划分期

东莞植物园是在2007年建成开放的绿色世界城市公园的基础上进行规划建设的，规划选址用地面积为200.5公顷，计划分两期进行建设，一期工程主要是建设一批植物专类园，以丰富植物种类和植物景观为主，实现园区从城市公园向植物园的转变；二期工程主要是建设园区配套设施和改善各植物专类园，包括修建游客服务中心、停车场、科普馆等大型设施，增加专类园区的植物多样性和完善专类园区的设施等。通过两期建设，初步实现把东莞植物园建设成为特色鲜明、物种丰富、园景优美、具有一流景观和一定影响力的植物园，成为东莞城市建设一张亮丽的生态名片。

四、专类园规划

植物园是拥有活植物收集区，并对收集区内的植物进行记录管理，使之可用于科学研究、保护、展示和教育的机构。植物专类园是指具有特定的主题内容，以具有相同特质类型（种类、科属、生态习性、观赏特性、利用价值等）的植物为主要构景元素，以植物搜集、展示、观赏为主，兼顾生产、研究的植物主题园。植物专类园是植物园开展植物保育和科普展示的重要形式，也是植物园区别于普通公园的最主要特征之一。

东莞植物园一期工程的主要建设内容就是植物专类园，规划了名树名花园、儿童植物园、芳香植物园、莞香园、兰花园、草药园、岩生植物园、荔枝园、榕园、山茶园、岭南树木园、引种驯化园12个植物专类园。建设过程中根据施工现场和资金投入等情况对专类园进行了适当调整，其中榕园由于场地暂不能利用取消了；引种驯化园由于原规划位置位于山头，影响景观且不便于管理而移至山脚下，原位置变更为彩叶植物园；岭南树木园仅修建了登山道，由于消防系统未完善还不能开放；为了保护好原有橡胶林，就地改造建成橡胶文化园；从景观考虑把一块山坡地建成了杜鹃园。因此，实际建成开放的专类园包括：名树名花园（含百花涧、华芳苑、樱花苑、澳洲植物区、沙生植物区、欧洲台地花园等景点）、岩石园、荔枝园、杜鹃园、草药园、山茶园、兰花园、彩叶植物园、莞香园、儿童植物园、芳香植物园和橡胶文化园12个植物专类园（引种驯化园作为苗圃基地不对外开放），其中名树名花园、岩石园、杜鹃园、山茶园、兰花园、彩叶植物园、芳香植物园以植物景观展示为主；莞香园、橡胶文化园以植物文化展示为主；荔枝园以资源收集和研究为主；草药园、儿童植物园以开展公众科普活动为主，这充分体现了东莞植物园作为风景观赏型植物园的定位，同时发挥了物种保育和科研、科普等功能。

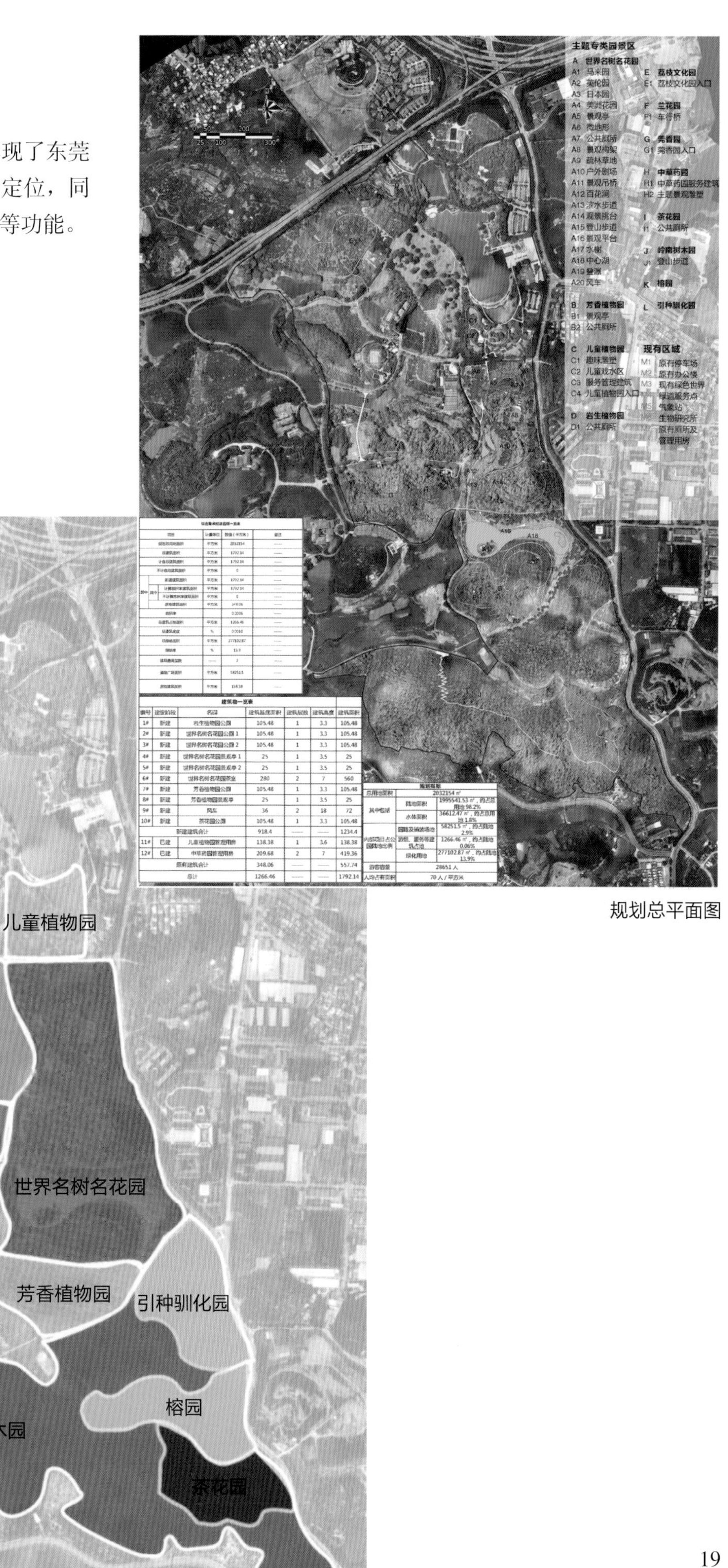

建筑物一览表						
编号	建设阶段	名称	建筑基底面积	建筑层数	建筑高度	建筑面积
1#	新建	岩生植物园公厕	105.48	1	3.3	105.48
2#	新建	世界名树名花园公厕 1	105.48	1	3.3	105.48
3#	新建	世界名树名花园公厕 2	105.48	1	3.3	105.48
4#	新建	世界名树名花园景观亭 1	25	1	3.5	25
5#	新建	世界名树名花园景观亭 2	25	1	3.5	25
6#	新建	世界名树名花园茶室	280	2	7	560
7#	新建	芳香植物园公厕	105.48	1	3.3	105.48
8#	新建	芳香植物园景观亭	25	1	3.5	25
9#	新建	风车	36	2	18	72
10#	新建	茶花园公厕	105.48	1	3.3	105.48
新建建筑合计			918.4	——	——	1234.4
11#	已建	儿童植物园管理用房	138.38	1	3.6	138.38
12#	已建	中草药园管理用房	209.68	2	7	419.36
原有建筑合计			348.06	——	——	557.74
总计			1266.46	——	——	1792.14

规划指标		
总用地面积	2032154 ㎡	
其中包括	陆地面积	1995541.53 ㎡，约占总用地 98.2%
	水体面积	36612.47 ㎡，约占总用地 1.8%
内部项目占公园陆地比例	园路及铺装场地	58251.5 ㎡，约占陆地 2.9%
	游憩、服务等建筑占地	1266.46 ㎡，约占陆地 0.06%
	绿化用地	277102.87 ㎡，约占陆地 13.9%
游客容量	28651 人	
人均占有面积	70 人 / 平方米	

规划总平面图

景区布置图

东莞植物园导游图

Guide Map of Dongguan Botanical Garden

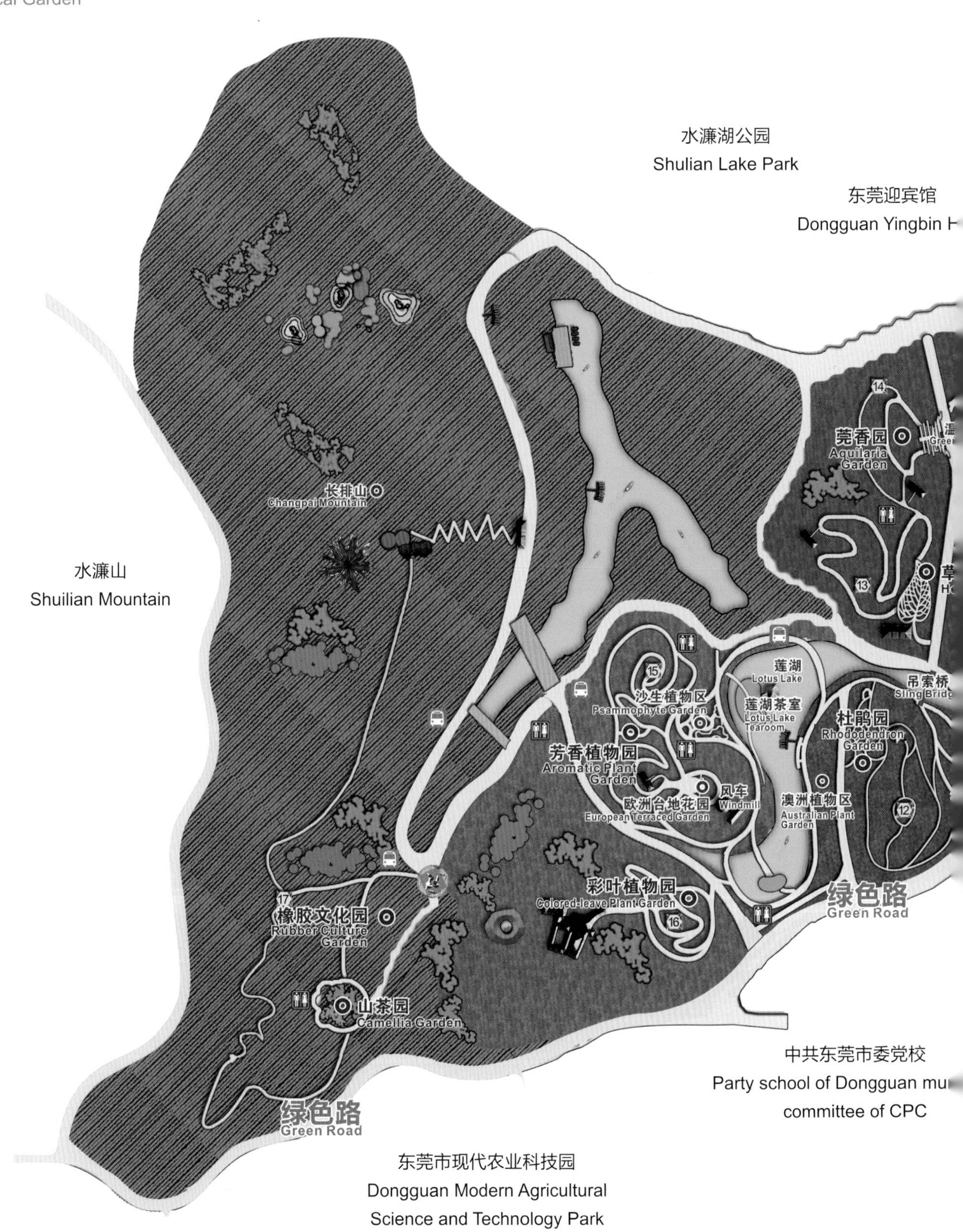

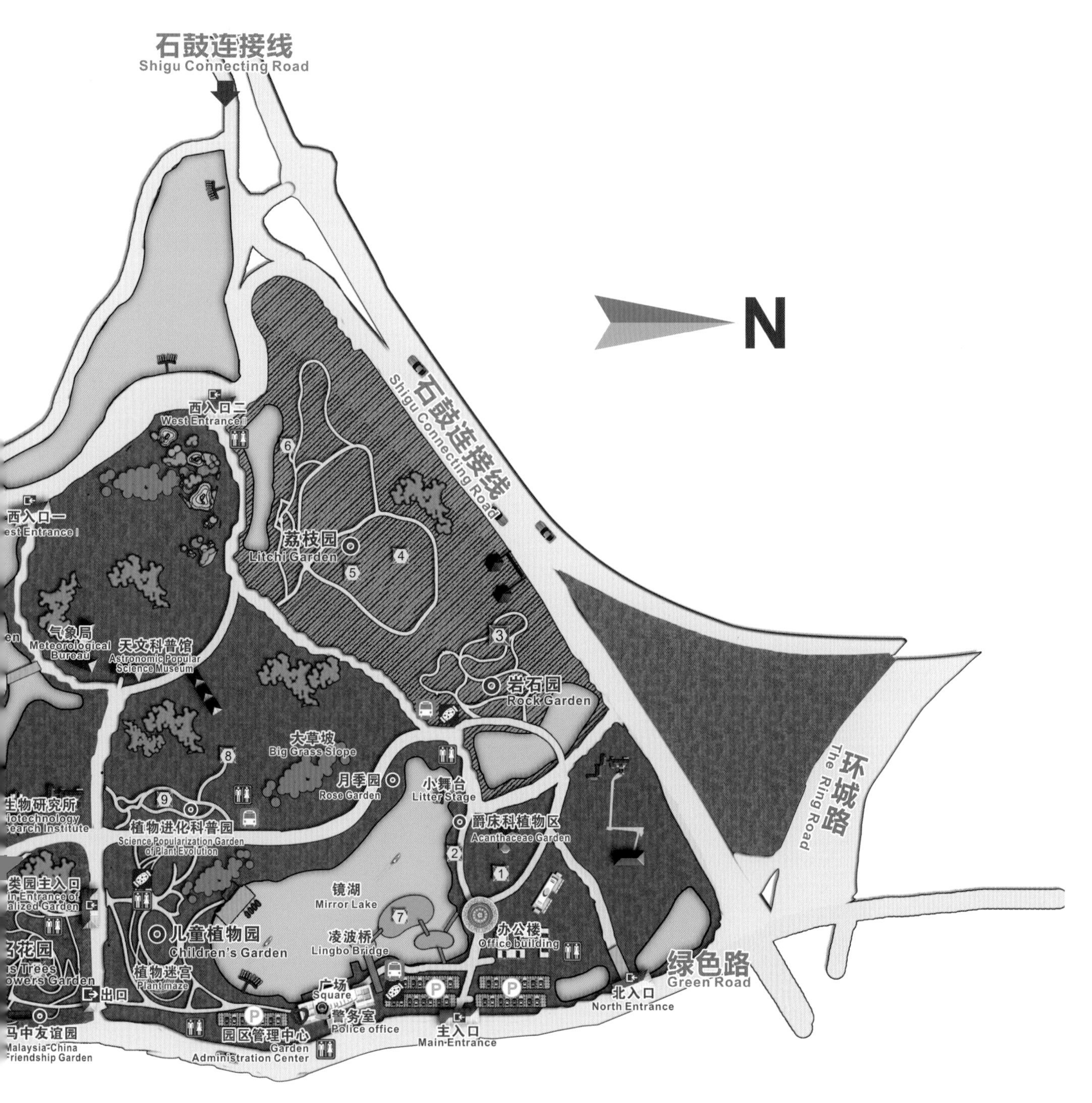

图例

停车场	洗手间	水景	观景亭
便利店	道路	绿地	主要景点
候车亭	园区建筑物	观景台	植物专类园

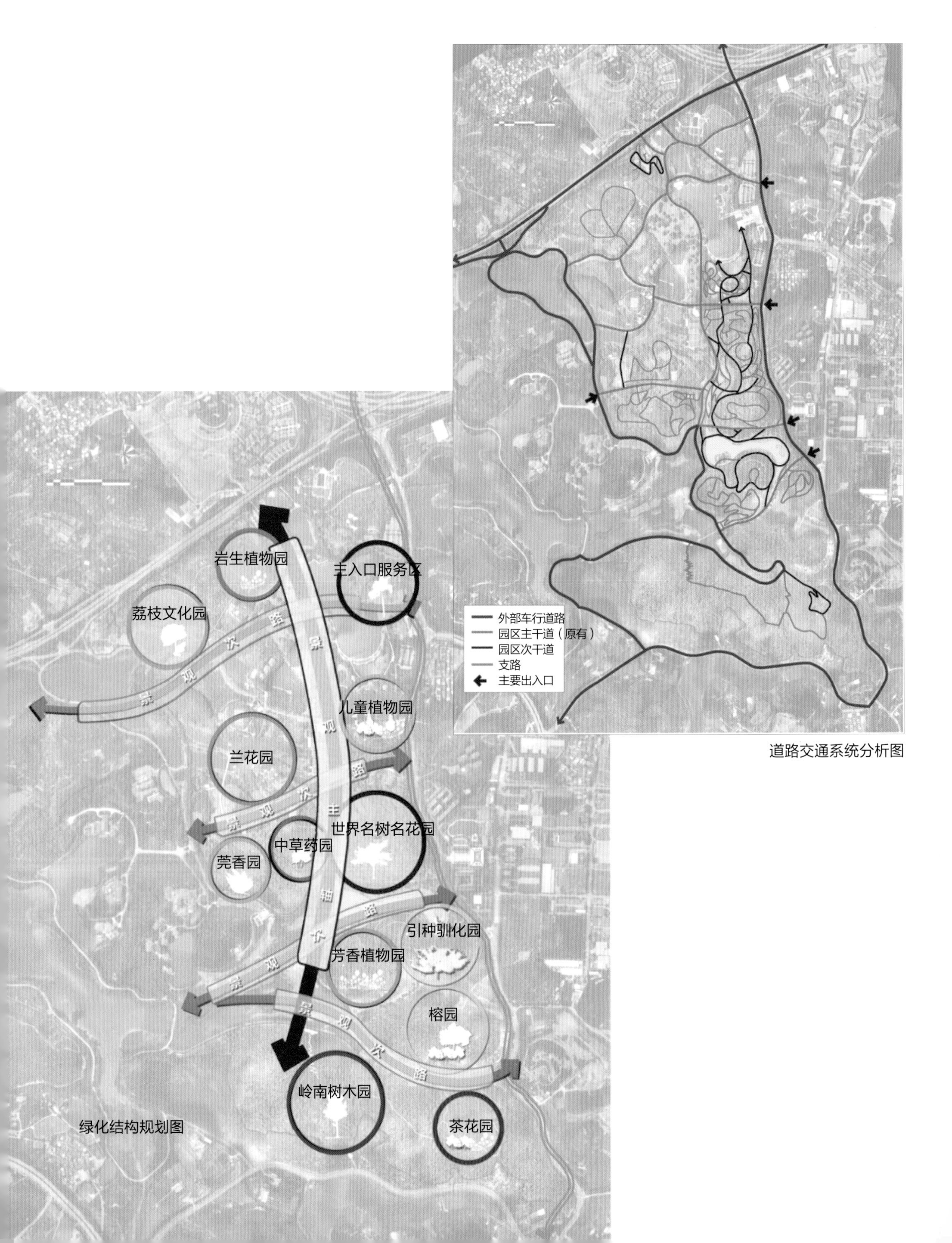

道路交通系统分析图

绿化结构规划图

第四章 岩石园建设实践

岩石园（Rock Garden）是以岩石和岩生植物为主体，结合地形选择适宜的植物，展示高山、岩崖、碎石陡坡等自然景观和植物群落的一种专类植物园。岩石园起源于园艺发达的英国，当时的人们用冰岛熔岩堆成天然岩山，栽种了从阿尔卑斯山引种的高山植物，营建了一个自然的高山岩石花园。那时的岩石园更多是作为高山植物的天然驯化基地，经过园艺学家的改良和推动，如今的岩石园不仅是一种展示自然岩地植物景观的专类植物园，还逐步演化为一种特别的装饰性绿地。1870 年英国爱丁堡皇家植物园建立了世界上第一个岩石园，从 20 世纪开始，岩石园逐渐在世界各地发展起来。我国岩石园建设起步较晚，1934 年庐山植物园创建了我国第一个现代意义上的岩石园，其后，昆明、北京、沈阳、上海等地也相继创建了岩石园。近年，上海辰山植物园和西安植物园建设的岩石园颇具规模和特色。东莞植物园地处华南地区，华南地区是喀斯特地貌的主要分布地，喀斯特地质地貌地区形成了丰富多样的小生境，小生境的多样性孕育了丰富的岩生植物类群，苦苣苔科、蕨类及秋海棠属植物中很大部分种类分布其中。同时，华南地区出产特色的景观石材——英石。因此，为了营造独特的岩石景观，展示华南地区丰富的岩生植物和岩石造景艺术，东莞植物园决定建设一个具有华南地域特色的岩石园。

一、规划设计

岩石园选址于园区最北面一个小山丘的东向坡地，占地面积约 2 公顷。该坡地坡度平缓，坡底紧邻湖水，适合营造石景和水景。施工前，在实地考察的基础上，我们对岩石园的原设计方案进行了提升，建设范围从原来的半个坡面（约 1 公顷）扩大至整个坡面，水系从原来的一条溪流增加到两条，岩石园的整体布局得到了优化，为进一步置石、理水和植物配置打下了良好的基础。

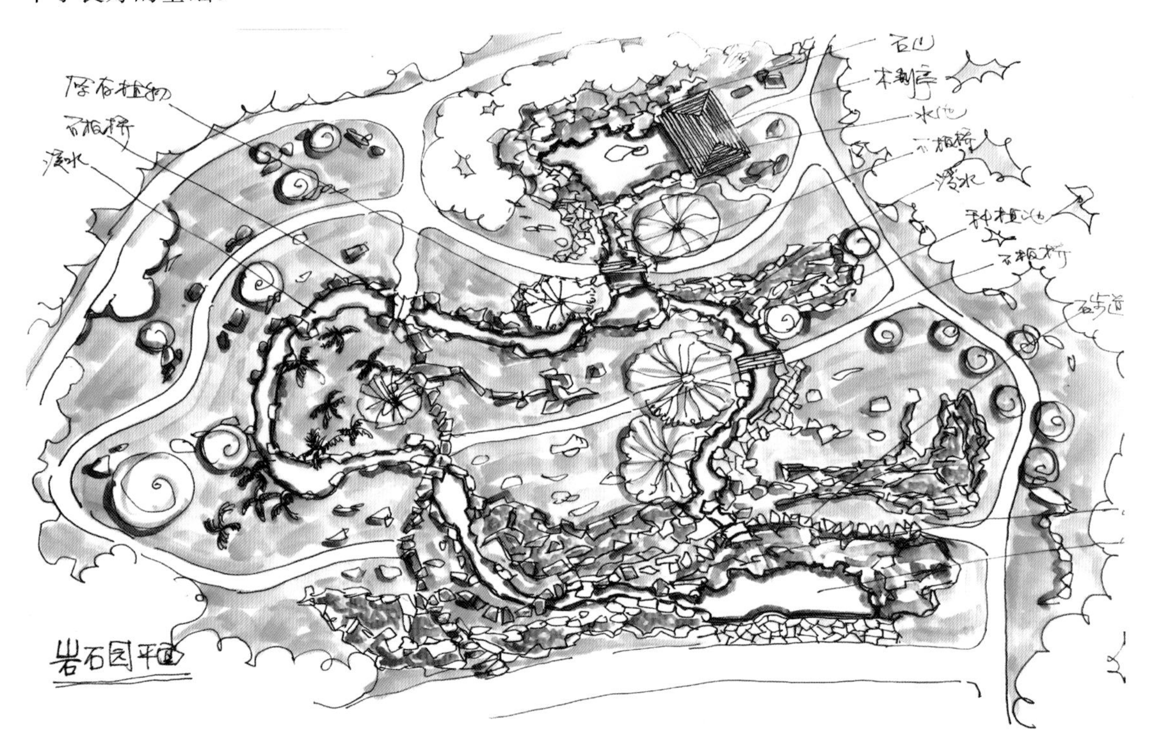

岩石园方案平面图（伍勇手绘）

二、建设过程

（一）整备地形

现场原来是一片稀疏杂乱的次生林，在地表清理过程中，保留了部分树形较好的榕树、大王椰子、石梓、凤凰木、非洲桃花心木等树木用于遮阴，对其他杂树及地表的杂草、杂灌木进行了清除。地表清理后，将基础地形整备平缓，整体坡度呈 10°~15°，同时勾勒出全园的道路和水系的基础沟壑形状。

园路地形整备

（二）理水

理水是指园林中的水景处理，在中国自然山水园林中起到非常重要的作用。“疏源之去留，察水之来历”，岩石园在选址之初就充分考虑了理水之需求，利用山脚下的湖泊为水源，把湖水通过水泵抽到山顶水池，池水再经过人工溪涧回流到湖中。岩石园在山顶和山脚通过造池及假山跌水营造出上下呼应的两处水景，从山顶水池左右两侧各引出一条溪涧，水流沿山体自然坡度流到山脚水池，池水通过溢水口回流至湖中。蜿蜒曲折的溪涧增添了岩石园的景观深度，合理划分了岩石园的空间布局。溪流以池为源，溪水之上以自然山石造桥，溪水之下以鹅卵石为床，溪水之中及其岸边配置了形态各异的英石和丰富多样的水生植物，整个造景充满山林野趣，动静结合，引人入胜。

理水

（三）置石

岩石是营造岩石园的主材，全园共用了 6 000 多吨石材，以英石和泰山石为主。英石，又名英德石，属沉积岩中的石灰岩，主产于广东北江中游的英德山间，玲珑剔透，千姿百态，具有“瘦、皱、漏、透”的特点。泰山石产于泰山山脉周边的溪流山谷，质地坚硬，纹

理美丽多变，格调古朴、苍劲、凝重。东莞植物园以英石构建全园骨架，叠石成山，铺石成路，砌石成槽，散石成景，突显华南地域特色；入口水景以泰山石造景，沉稳浑厚，大气磅礴。此外，园内使用的石材还有黄水石、鹅卵石、火山石等。

岩石园

（四）园路铺装

岩石园园路采用多种天然石材铺设而成，自然、质朴，与环境协调又富有变化。主路采用青石板碎拼和黄石米填缝，路面平整，具有防滑倒、防崴脚功能，并充分考虑游客游园行走的安全性和舒适性，同时黄石米颜色稍跳跃，缓和了岩石造景的凝重感，增添了环境亲和力。次路形式多样，多处路段采用天然英石铺设，台阶则用天然英石堆叠而成，与旁边形态各异的英石相得益彰，野趣十足。条石嵌草汀步与环境自然融合，石材采用自然面芝麻灰花岗岩和麻石，这种嵌草铺装弱化道路的分割作用，强调左右景观的沟通，使道路与环境能很好地融为一体。在一些景点前面，还选用大而扁平的鹅卵石直接嵌入草地内，目的是给游客在景点前停留或拍照使用，突显人性化，还可有效地保护草地景观。此外，还有双色鹅卵石拼铺、石板碎拼水泥勾缝、石板镶嵌鹅卵石、条石架桥等园路。

置石

园路铺装

（五）植物配置

岩石园运用了大量的桩景与岩石搭配成景形成主基调。桩景植物包括罗汉松、黑松、榆树、紫薇、雀梅、龟甲冬青、枸骨冬青、榕树、真柏、红继木等。同时，利用上层乔木营造阳生环境和阴生环境，在保留原有榕树、大王椰子、石梓、凤凰木、非洲桃花心木等乔木的基础上，还加种了美丽异木棉、黄梁木、千果榄仁等速生景观树种，使园区生境多样化。根据岩石园现场环境，把园区分为水系区、阳生区和阴生区三大区域进行植物配置。水系区沿着水流种植植物，主要种植再力花、皇冠草、梭鱼草、美人蕉、鸢尾、水菖蒲、狐尾藻等水生植物，水岸边主要种植喜阴凉潮湿环境的蕨类等植物。阳生区又分为多肉植物区、野牡丹科植物区、观赏草区和园艺花卉区。阴生区主要种植苦苣苔、秋海棠和兰花等植物类群。此外，园内还自然式地种植了许多其他植物，如首冠藤、金银花、红纹藤、薜荔等藤本植物（利用其攀附特性软化岩石硬景），十大功劳、南天竹、金丝李等石灰岩地区的典型植物，以及松红梅、沙漠玫瑰、酸脚杆、鸡爪槭、蝎尾蕉等景观植物。

白凤

A148

植物配置

（六）加装喷雾系统

岩石园在完成园建和植物种植后，在水系区和阴生区加装了喷雾系统，通过高压装置，将喷淋水雾化为细小颗粒，形成雾气缭绕的景观效果，同时也为苦苣苔、秋海棠、兰花等阴生植物实现自动补水、调温和灌溉。

喷雾系统

三、建成效果

经过一年多的园建施工和陆续的植物种植，岩石园的景观逐渐呈现出来，在约 2 公顷的山坡地上营造出了一个以石为景、凿池为水、取溪为流、山水相依、花木相伴、灵动活泼的自然山水园林。在造园手法上，岩石园着重置石和理水，利用 6 000 多吨自然山石营造出丰富的石景和水景。在植物配置上，着重景观效果与植物多样性，因地制宜地种植了 500 多种植物。为了尽快呈现园景效果，前期种植的植物以园艺观赏植物为主，接下来将逐步引种和丰富岩生植物种类，增加园内植物多样性，提升园区科学内涵。

岩石园景

第五章 名树名花园建设实践

名树名花园（Famous Trees and Flowers Garden）是东莞植物园一期工程的核心建设区域，选址于园区中心位置的一座小山丘和与之相连的一个人工湖及其湖岸区域，占地面积约 27 公顷。目的是收集世界各地的名树、名花，营造世界五大洲花园，展示异域植物风情，传递国际友谊，彰显东莞海纳百川的城市精神。园区依地形划分为美洲区、亚洲区、澳洲区、非洲区、欧洲区和莲湖、百花涧、坡地景观等区域。其中美洲区位于名树名花园入口处；与美洲区相连的是亚洲区，亚洲区建设了华芳苑、樱花苑和马来西亚—中国友谊园三个代表性的园林；澳洲区位于莲湖北岸，是一个澳洲植物种植区；欧洲区和非洲区则分别位于莲湖的东南岸和西南岸，欧洲区以欧洲台地花园为代表，非洲区则以沙生植物区为代表。以下是对名树名花园的百花涧、华芳苑、樱花苑、马来西亚—中国友谊园、沙生植物区、欧洲台地花园和花境的详细介绍。

一、百花涧

（一）规划设计

百花涧占地面积约 1 公顷，位于名树名花园西侧，原为一条低洼水沟，可延伸与莲湖水相连，并引莲湖水作为循环水流动。在水系设计上，重点打造水系源头，形成一大景观亮点，水系源头选在相对宽阔、有一定地势差的位置，以利于叠山理水。水系流线在地形允许条件下尽可能蜿蜒，使溪涧水景更加自然、生动、有趣。溪涧两岸修建亲水步道，并通过在水中铺设跨水汀步路连通两岸，解决通行和游览问题。水系之上修建了吊索桥，可以欣赏整个水系景观。在植物配置上，以各种花卉植物为主，沿着溪涧自然式种植，形成百花争艳的热闹景象。

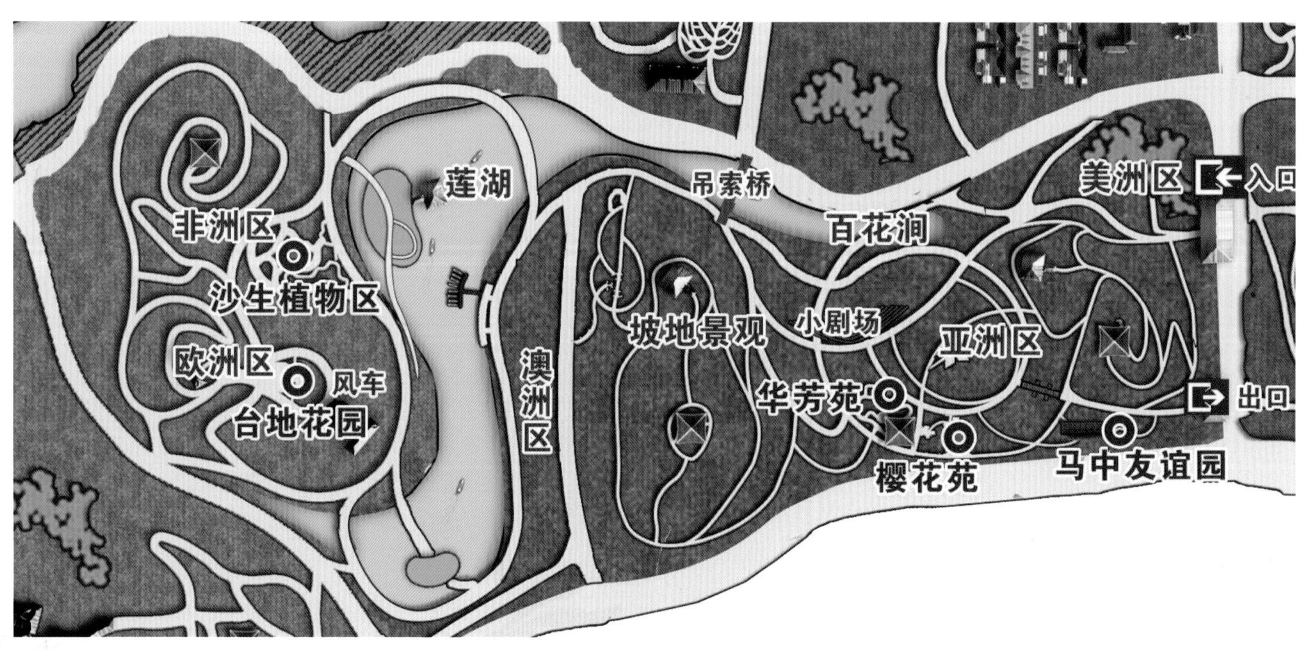

名树名花园布局图

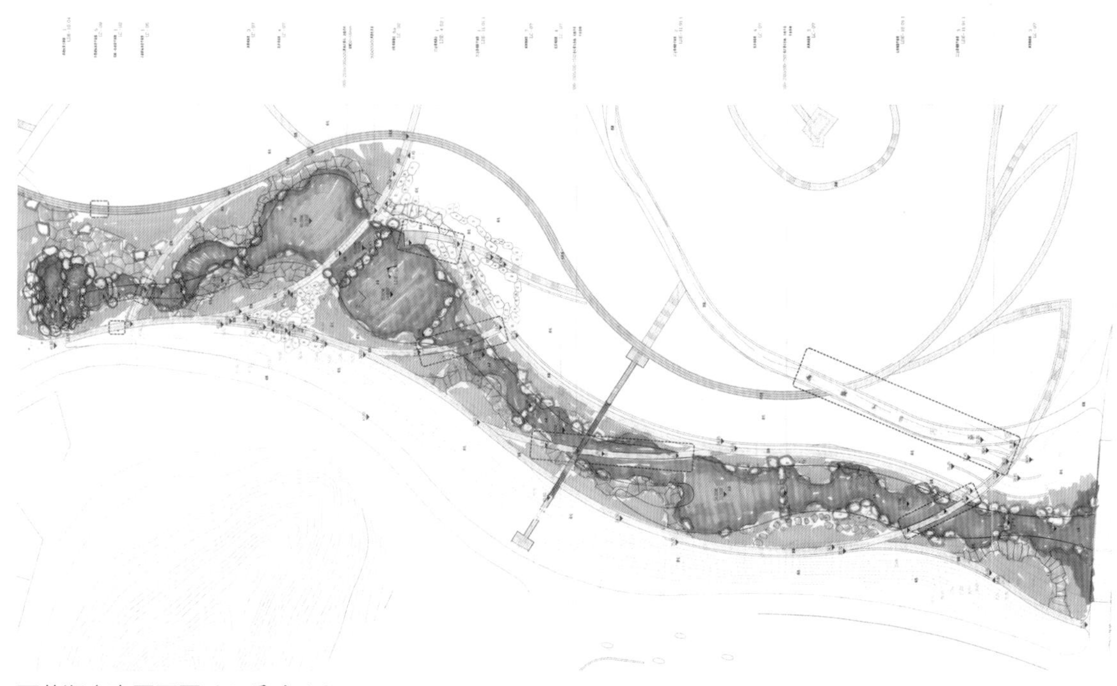

百花涧方案平面图（伍勇手绘）

堆山、跌水、造池

（二）建设过程与建成效果

1. 堆山、跌水、造池

水系源头是百花涧的起点和人流的汇聚地，为景观视觉焦点。因此，在完成地表清理、地形整理和河床防渗处理后，对水系源头进行重点打造。在水系源头采用了大量天然英石堆砌假山，在重要位置以大型泰山石压辙，大气磅礴；在堆山过程中同时做跌水处理；山下用英石驳岸造池，自然简朴；在河床有一定落差的地方设置滚水坝，形成一弯弯池水和一重重跌水，动静结合；水从与百花涧相连的莲湖抽到假山上，再从假山跌水流入池中，池水再经过一道道滚水坝跌水流回莲湖，池如镜，瀑如帘，蔚为壮观。值得一提的是，百花涧的水系非常重视跌水处理，跌水的应用使水流富有变化和神韵，而且水跌落过程中产生的水汽营造出特殊的小生境，能给植物提供良好的生长条件。此外，在施工过程中，我们对原有的 3 棵小叶榕（胸径约 60 厘米，冠幅约 700 厘米，高度约 18 米）进行了保护和处理，成功地营造了百花涧的三棵树景观。

三棵树景观（上图为施工前场景，下图为施工后景观）

2. 水系驳岸及园路

水系驳岸采用自然斜坡式过渡，岸边点缀天然英石，英石颜色灰白，形状多样，线条丰富，使驳岸线自然朴素又富于变化，再错落有致地搭配再力花、美人蕉、鸢尾等水生植物，营造出了自然生态的软驳岸线，使驳岸景观自然融于水景中。园路顺着水系两侧延伸，并用大块岩石铺设跨水汀步路，增加人与植物和溪水的亲近感。

水系驳岸和园路

3. 吊索桥

吊索桥是百花涧的一座观景桥，连接水系两岸，采用吊索桥的形式，不仅可以让游客在桥上俯瞰溪涧及其两岸的景观，而且可以增添游园趣味性和探索性，其造型简单，生动有趣，是百花涧上的一道独特风景线。

吊索桥

4. 植物配置

（1）水系源头。水系源头是以天然岩石堆叠而成的假山和水池。假山植物配置遵循“山石为主、植物为辅”的原则，以表现石的形态、质地为主。假山上及其周边以树形优美的罗汉松、黑松、杨梅、桂花、鸡爪槭、铁冬青、红枫、九里香等作为骨干树种，形成点睛之笔，再配以花叶海桐、千层金、圆柏、红花檵木、龟甲冬青、金叶大花六道木、小叶木犀榄、杜鹃花等灌木，或自然形，或球形，点缀山石。在需要遮掩的地方，种植了蓝雪花、花叶络石、蝶豆、凌霄花等藤本和灌木植物，以柔化山石棱角。在水池边石块旁和石缝中，种植了观赏草及蓝蝴蝶、海棠、八仙花、铁海棠等低矮花卉，参差错落，充满自然野趣。

水系源头植物配置

（2）水系两岸。水系两岸重点呈现百花争艳的景观，种植了各种花卉植物300多种（含品种）。其中乔木花卉包括红花玉蕊、洋红风铃木、宫粉羊蹄甲、小叶紫薇、樱花及桃花等；灌木花卉包括簕杜鹃、朱槿、鸡蛋花、山茶花、冬红、野牡丹、琴叶珊瑚、月季、朱樱花、杜鹃花、龙船花、澳洲皇后茶、松红梅、嘉氏羊蹄甲、金英、金凤花、芙蓉菊、蓝蝴蝶、麻叶绣线菊、非洲凌霄、角茎野牡丹及烟火树等；草本花卉包括柳叶马鞭草、紫娇花、绣球花、紫花美女樱、大花萱草、黄金菊、火星花及三色堇等。此外，还种植了红纸扇、粉纸扇、红巨人朱蕉、花叶女贞、金叶大花六道木、花叶海桐、千层金、红花檵木等色彩斑斓的观叶植物烘托气氛；沿岸还在合适的位置种植了龙血树、黑松、侧柏、垂榕、木麻黄、龟甲冬青、铁冬青等常绿植物进行衬托，增加植物层次感。两岸百花相继绽放，常年有花，姹紫嫣红。

水系两岸植物配置

（3）水系之中。百花涧水面种植了大量的睡莲，或片植，或孤植，或留白水面，衬托出水面的宽广与平静，营造出自然恬静的水景。溪涧边种植了再力花、皇冠草、美人蕉、梭鱼草、菖蒲、鸢尾、千屈菜、翠芦莉等挺水植物。菖蒲丛植于岩石旁，姿态挺拔舒展，淡雅宜人。鸢尾、梭鱼草点缀于池畔溪边，清新自然，花开之际，靓丽可人。千屈菜花色明艳醒目，姿态娟秀洒脱。水生植物的栽植不仅将水系的硬驳岸转变成生态软驳岸，还有护岸作用，同时也增强了水体景观的亲水性和趣味性。

水系之中植物配置

二、华芳苑

（一）规划设计

华芳苑占地面积约 2 500 米^2，位于名树名花园亚洲区，地势平坦，南面靠山，东面临绿色路，与绿色路之间保留原有高大的白兰树作为屏障，西面为珍稀植物区，北面为樱花苑和马来西亚—中国友谊园。华芳苑是一座中式园林，由山、水、亭、墙和花木等典型中国园林要素构成，表现中国园林师法自然、融于自然、顺应自然、天人合一的造园理念。在园景构图上，通过借景（南面山景）来扩大景观深度，巧用月亮门、景墙和亭子框景来增加景观层次，采用缩小尺度的假山、池水等来扩大空间感觉，呈现“小中见大”的效果。辅之迂回小径延长游览路线，园林空间组合灵活多变，过渡自然。

华芳苑与周边环境

（二）建设过程与建成效果

1. 园林建筑

华芳苑面积小，不宜建设大型的主体建筑。六角亭是园内的主要园林建筑，亭子灵巧却不失华丽庄重，是典型的中国传统园林建筑。亭子建于假山上，形成全园的主景和视觉焦点，又巧于远借山林之景，与周围环境融于一体。月亮门及景墙作为主入口分隔园内外空间，又可透过门洞和窗口引入另一侧的景观，形成框景效果，兼具实用性与装饰性。园路采用青砖铺设，给人以素雅、沉稳、古朴、宁静的美感，返璞归真，质朴天成。

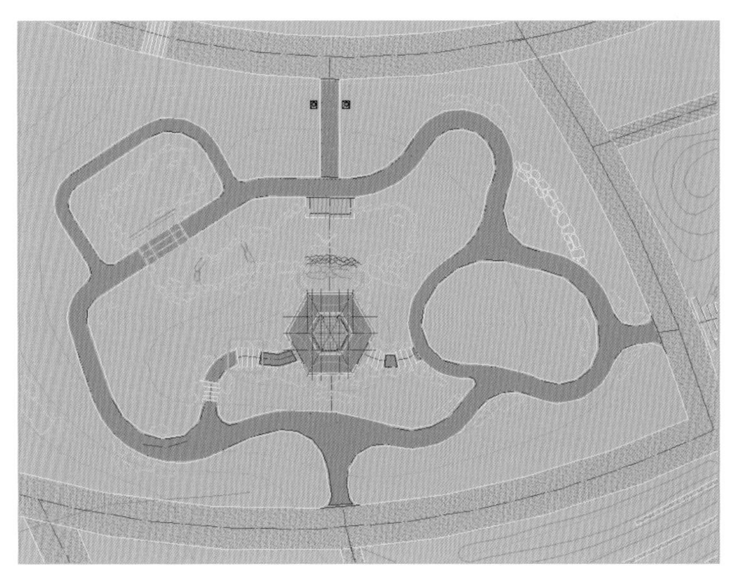

华芳苑方案平面图

园林建筑

2. 掇山理水

掇山理水是华芳苑建设中的重要组成部分。在平坦的地面通过堆叠假山和开挖造池，增加了地形的起伏变化，并且利于空间的分隔与布局。水池开挖的土方刚好用于抬高假山的基础，然后再用天然青石和英石装饰假山，水池由一大一小两个相连有一定落差的池子组成，采用英石制作跌水和驳岸，将造型奇特、纹路特殊的英石置于水池周围供游客欣赏，并起到防护作用，普通造型的石板则用于堆叠跌水。水流采用循环水，小池中的水经过过滤后用水泵抽到假山上通过跌水流入大池中，大池中的水顺着地势自然流入小池中，完成水的循环。水景的营造为华芳苑注入了生机和活力，增添了园景的丰富度和灵动性。

掇山理水

3. 植物配置

在植物配置方面，华芳苑重点展示中国传统花草树木，以假山池水为核心，将植物和山水进行不同的组合。园内以黑松、罗汉松、榆树、小叶紫薇、枸骨冬青、九里香等桩景为主景植物；兰花、菊花、杜鹃、月季、桂花、茶花等中国传统十大名花种植在园区各个区域，或片植，或丛植，或孤植，主题鲜明，景致优美；鹤望兰、黄杨、巢蕨、络石、红花檵木、朱蕉等植物点缀在石头缝隙中使山石变得亲近柔和；石榴、竹子等传统庭院植物和地涌金莲、龙血树等特色植物也自得其所，尽展芳华。此外，在华芳苑的南面山坡上还种植了一片黄花风玲木，每年春天，黄花朵朵，成为华芳苑最美的背景。

华芳苑植物配置

三、樱花苑

（一）规划设计

樱花苑占地面积约 2 000 米 ^{2}，与华芳苑相邻，是日式园林的代表。中国与日本一衣带水，从古至今有着广泛的文化交流，日本园林也一样受着中国文化的影响，但作为一个岛国，日本拥有独特的自然景观和文化特色，形成了独特的园林风格，以“一方庭院融万千山水”的日式庭院为特色。日本园林的种类包括枯山水、池泉园、筑山庭、平庭、茶庭、露地、回游式、观赏式、坐观式、舟游式，以及它们的组合等，其中枯山水是日本园林的精华，具有独特的造园手法。东莞植物园的重点是收集和种植适合在东莞及广东其他地区生长的樱花种类，展示樱花的风采，同时在园林设计上，营造最有代表性的日本枯山水园林，配以杜鹃、茶梅、绣球、松柏等植物，实现植物文化与主题园林的融合。樱花苑的中心是“以沙代水，以石代山”的枯山水园林；在西面最高点设置一个日式茶室，在茶室可以俯瞰整个枯山水景观，简朴幽静，意境深远；樱花苑四周种植各种樱花，美丽而浪漫。

（二）建设过程与建成效果

1. 日式茶室

日式茶室位于樱花苑西部地势最高处，面积 20 米 ^{2}，屋顶选用茅草覆盖，茶室空间通透开敞，在设计风格和选材上呈现自然气息，营造出一种简朴、宁静的禅宗意境。

2. 枯山水

枯山水，顾名思义就是干枯的山和水，是一种起源于日本的禅宗式园林。它

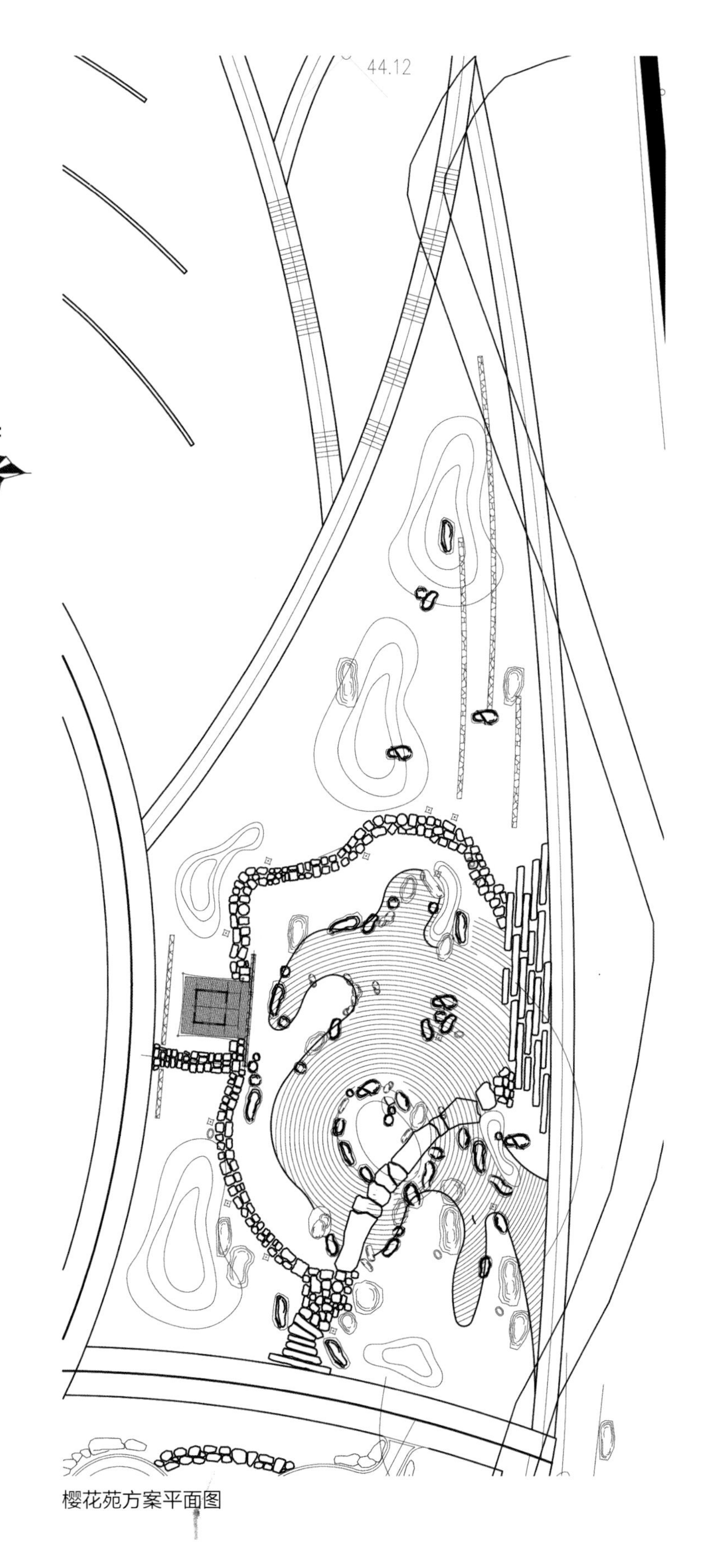

樱花苑方案平面图

日式茶室

櫻花苑

没有真山真水，而用石头代表山川海岛，用白色的沙粒耙出纹理，代表江河湖海、云雾漩涡，给人看山不是山、看水不是水的禅意氛围。在东莞植物园地势最低的地方修整地形，用白沙石铺地形成河道，细细耙制出大小不一的水波纹，河道中间和周边放置形态各异的景石，用其代表山体、岛屿、船只等，让人感觉“水”在高耸的峭壁间流淌，感受“一沙一世界”的奥妙，再配以各色植物及预示光明和希望的石灯笼，营造出象征自然山水的庭园。

枯山水

3. 园路

樱花苑园路都是以自然石材铺设，因地制宜在不同的区域和路段采用不同的铺装形式。入口处是一组条石嵌草石阶，顺着地势铺设拾阶而下，紧接着左边是用精心挑选的圆饼状河滩石嵌草铺装的园路，蜿蜒环绕形成主园路，右边园路则用大块英石搭建而成，巧妙地解决了地势高差问题。在东面开敞空间采用条状麻石不规则式嵌入草地，既有拾阶而上的功能，又使空间得以自然过渡和延伸。

园路

4. 植物配置

樱花苑的植物配置分为两部分：一是枯山水植物，以姿态优美、枝干飘逸的罗汉松、黑松、侧柏桩景和红枫作为主景树，配以杜鹃、茶梅、绣球花、海桐、红枫、竹子、铺地柏等日式园林代表植物，形成简朴幽静的景观空间；二是樱花，在枯山水周边的区域大量种植适合东莞本地种植的樱花种类，现种植效果好的品种主要是广州樱（从云南樱选育出来的栽培品种，花粉红色）和中国红樱（从福建山樱花选育出来的栽培品种，花大红色，福建山樱花又名钟花樱桃）。每年 2—3 月花开不断，樱花苑成为市民踏青赏樱的好去处。

植物配置

樱花品种

四、马来西亚—中国友谊园

（一）建设背景

为纪念中国与马来西亚建交40周年，2014年4月18日，东莞市人民对外友好协会与马来西亚—中国友好协会正式签署协议，在马来西亚布城筹建中国—马来西亚友谊园项目（简称中马友谊园）。该项目由东莞市负责落实规划设计方案和300万元人民币建设费用，由布城市政府提供2 400米^{2}园林用地，并办理项目相关报批手续和项目建成后的维护工作。2014年4月20日，中马友谊园项目奠基，2015年6月2日，中马友谊园项目顺利竣工并

中马友谊园开园仪式

中马友谊园

Opening Ceremony of the Malaysia-China Friendship Garden

Opening Ceremony of the Malaysia-China Friendship Garden

马中友谊园开园仪式

举行开园仪式。中马友谊园建成后，为进一步推动中马人民友好往来，马来西亚联邦国土部、马来西亚布城市政厅、马来西亚—中国友好协会决定在东莞市筹建马来西亚—中国友谊园（以下简称马中友谊园），项目占地 2 514 米^2，选址于东莞植物园名树名花园内，由马来西亚布城方出资 200 万元马币（约合 320 万元人民币）完成规划设计和建造施工。项目于 2017 年 4 月 28 日奠基，于 2018 年 11 月 9 日建成移交，于 2019 年 6 月 28 日举行开园仪式。

（二）规划设计

马中友谊园位于名树名花园的亚洲区，与华芳苑、樱花苑相邻，其规划设计遵循以下原则：①花园突出马来文化的重要特征，即与自然生活在一起；花园元素与马来建筑融为一体，以马来传统房屋——马六甲木屋为核心，周围围绕有多个花园，象征马来西亚是多民族国家。②在房子前面保留一个开放空间，种植草坪的开放空间通常与花园派对、武术训练、传统运动等家庭活动有关，是一个马来传统娱乐活动展示区。③植物配置上，重点展示马来西亚的国花——朱槿，朱槿花的 5 片花瓣象征着马来西亚促进各民族和谐统一的五项国家原则，同时，根据马来西亚各民族植物观，充分考虑了植物的寓意、功效、观赏价值，按不同植物类型设置珍稀果树园、特色植物区、食用植物区、姜园、竹子收集区等多个分园区。

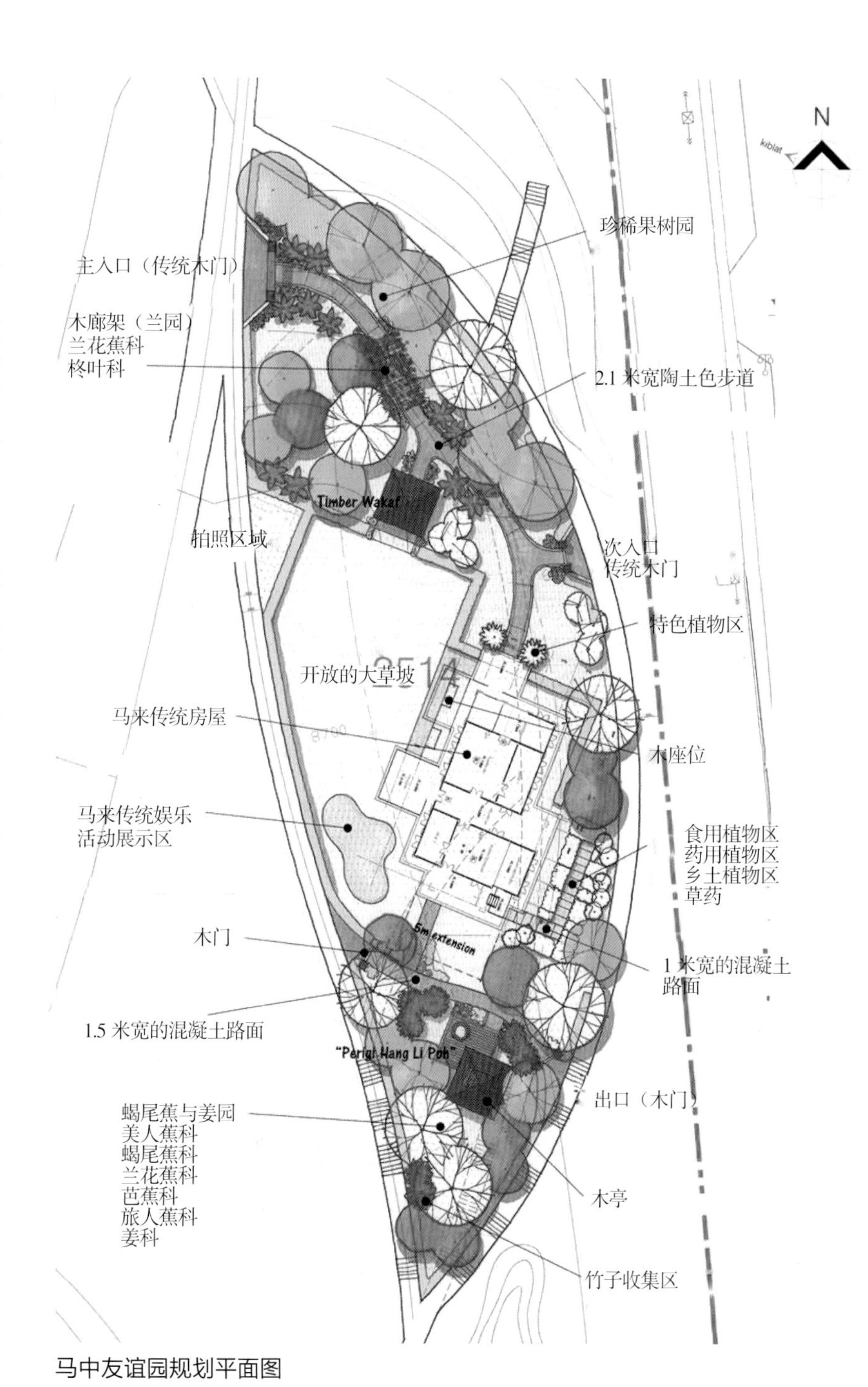

马中友谊园规划平面图

（三）建设过程

2017 年 4 月 28 日，马中友谊园举行了奠基仪式，马来西亚驻广州总领事，马来西亚布城方代表，东莞市政府分管领导和东莞市外事局、城管局代表参加了奠基仪式。马中友谊园的园建工程由马方委托专业施工队建设，马方派驻技术人员进行监理，植物的引进和种植由马来西亚布城植物

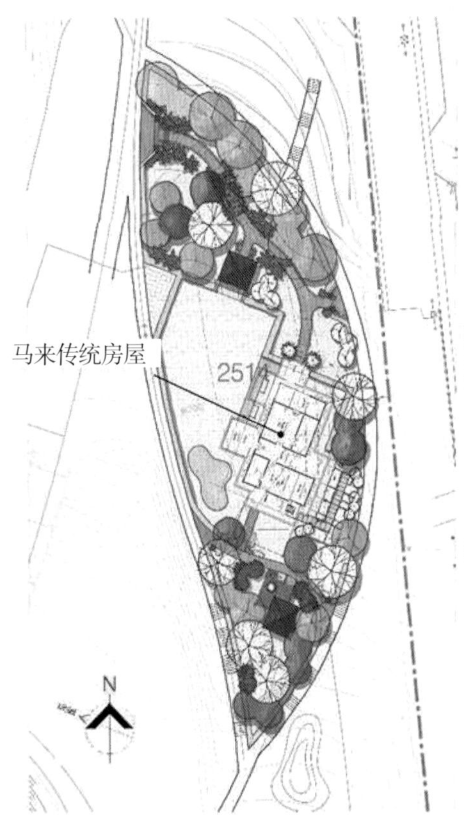

外部整体效果图

主入口

屋顶及内部细节

屋顶细节

屋顶

内部装饰陈列

次入口

水泥墩

外部图

内部装饰

内部装饰

台阶

I
H
G
F
E
D
C
B
A
21 900
3 000
3 000
4 000
2 000
3 000
2 300
2 300
2 300
BEAM LEVEL
3 000
GROUND LEVEL
1 050
比例　1：100

前视图

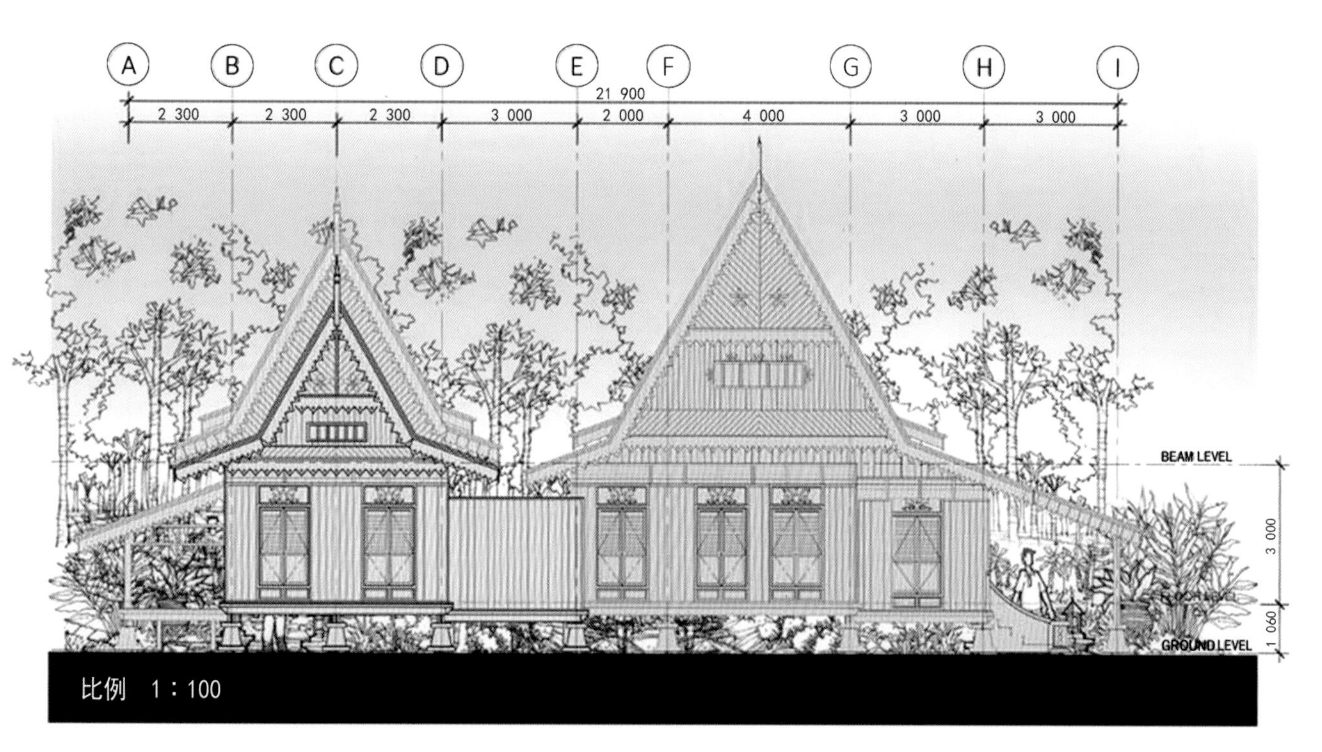
A
B
C
D
E
F
G
H
I
21 900
2 300
2 300
2 300
3 000
2 000
4 000
3 000
3 000
BEAM LEVEL
3 000
GROUND LEVEL
1 060
比例　1：100

后视图

7
6
5
4
3
2
1
15 300
2 700
2 700
2 700
2 700
3 000
1 500
BEAM LEVEL
FLOOR LEVEL
GROUND LEVEL
3 000
1 050
比例 1：100

右视图

1
2
3
4
5
6
7
15 300
1 500
3 000
2 700
2 700
2 700
2 700
21 900
BEAM LEVEL
FLOOR LEVEL
GROUND LEVEL
3 000
1 050
比例 1：100

左视图

'Dusum' 花园
兰花
绿篱
开放草坪
马来西亚
特色植物
251
食用植物
蝎尾蕉
姜类
竹子
开放草坪
大红花
珍稀果树
椰子
兰花
绿篱
蝎尾蕉
竹子
药用植物
姜园
食用植物
马来西乌兰

马中友谊园规划设计

园负责。马中友谊园的施工重点是马来传统房屋——马六甲木屋的施工，房屋基底是钢筋混凝土结构的架空平台，平台以上全部采用实木材建造，历时约一年完成建设。在马六甲木屋建造过程中，植物的引进和考察工作也在同步进行。马来西亚是世界上植物多样性最丰富的国家，约有4.5万种植物，原来设计是要展示许多马来西亚特有的植物种类，但是由于办理植物检疫等手续在短期内难以实现，所以园内实际种植的植物都是在国内采购的。不过，通过马中友谊园的建设，我们与马来西亚布城植物园建立起了交流平台，植物引种工作可在今后逐步开展。在马中友谊园的施工建设过程中，马方及中方相关负责人多次到现场调研，督导施工进度和质量。经过约一年半时间的建设，马中友谊园于2018年11月9日建设完成并移交给东莞植物园管理。

马中友谊园奠基仪式

马中友谊园建设过程

（四）建成效果

马中友谊园结合了马来西亚园林景观与马来传统房屋的建筑风格，蕴含了马来西亚的文化、传统和宗教元素，让游客体验马来西亚独特而多样的风情和文化，是一个和谐而美丽的花园。

马来传统房屋——马六甲木屋是花园的主要景点，建筑面积166米^2，屋体全部由木材建造。房屋的设计适合马来西亚温暖而潮湿的气候，空间可多功能使用，能够迎合当地居民的各种需求。屋子由基柱、屋身和屋顶三部分组成。高高的“人”字形屋顶是马六甲木屋最独特的建筑元素，屋顶的通风网栅和屋内的木制百叶窗令屋内空气流通、凉爽；方锥形的混凝土基脚能够保护木柱免受气候与害虫的破坏；屋子由楼梯进入，楼梯上铺设的七彩斑斓的瓷砖透露出马来文化、中华文化及欧洲文化的影响；楼梯上去是门廊，是最常用于招待客人的地方，其开放空间空气流通，并可将周围美景一览无余。屋内是家庭起居各种功能的房间，现作为马中友谊园展馆，用于陈列马来西亚文化展品和马来文化介绍资料。

马六甲木屋

展馆陈列

花园包括四个庭院：北入口、前院、侧院和南后院，展现出马来西亚原始与现代的乡村气息和花园风格，花园的四周采用茉莉花、九里香、变叶木、大红花、龙船花等修剪成绿篱围合。北入口为花园主入口，设置了一块长方形木牌，分别用中文、英文和马来西亚文标示“马中友谊”，点明主题，简洁明了。主入口附近种植了最具马来西亚热带风光的椰子树和雨树，呈现出热情的景观氛围。

北入口

从北入口进入，沿着步行道行走可通往马六甲木屋，步行道两侧即侧院。沿路可以欣赏到多种多样、色彩鲜艳的朱槿。朱槿又名扶桑花、大红花，是马来西亚的国花，也是马来民族文化中的吉祥之花。侧院还种植了波罗蜜、杧果、莲雾、阳桃、番石榴、椰子等热带水果及假槟榔、橡胶、腊肠树等热带植物。路旁还有马来西亚的传统木亭，可以驻足小憩，有一些木制展示牌，可以了解马来西亚文化。

前院是马六甲木屋前的一片开敞的草地，是马来民居重要的家庭活动的区域，农忙时节还可用作晒谷场。

南后院位于马六甲木屋的南后侧，后院是家庭私下生活空间，可用于晒衣服、养鸡、种菜等，院内种植有神秘果、大蕉、甘蔗、香茅、姜、辣椒等食用植物。值得一提的是，南后

侧院

前院

院还修建了一口象征中国与马来西亚两国友谊的“汉丽宝井”。据马来西亚历史记载，为了促进两国之邦交，中国明代皇帝将汉丽宝公主许配给马六甲苏丹曼苏尔沙，这段婚姻被认为是印证两国友谊的重要事件。马六甲苏丹将三保山献给汉丽宝公主，作为她与随从的住所，并下令挖一口井供公主日常使用，令人惊讶的是这口井的井水永不枯竭，也曾是马六甲的主要水源，后来为了保护这口井，在井周围砌上墙，类似一个小堡垒。如今，这口井成为历史文物，见证着两国长久的友谊。

南后院

五、沙生植物区

（一）规划设计

沙生植物是指生于松散的不稳固的沙土基质上的一类植物，这类植物由于长期生活在风沙大、雨水少、冷热多变的严酷气候下，在适应艰苦环境的过程中形成了种种奇特的形态，它们特殊的生长环境、顽强的生命力和奇特的形态使其成为一种独特的植物类型。

沙生植物区是一个以沙生植物为主，展现非洲沙漠植物风貌的园区，选址在名树名花园莲湖西南岸，处于欧洲台地花园和芳香植物园两座小山丘中间的谷地，地势前低后高，为一缓坡地，排水良好，位置开阔，光照充足，可满足沙生植物的生长环境要求。沙生植物区面积约 4 000 米 ^{2}，区内还树立了 3 根高大的非洲图腾柱，作为非洲文化元素的代表，更好地展示非洲异域风情。

（二）建设过程与建成效果

1. 整地

沙生植物最怕积水，因此，沙生植物区整地的关键是构建良好的排水系统。地面依原有地势进行平整，形成前低后高的缓坡，有利于排水；种植池内先用厚 30 厘米的碎石铺底，再覆盖厚 1 米的河沙，提供沙生植物的生长基质。园区四周及各种植池周边都修建了排水沟，种植池还用黄水石围边，可有效地将雨水引到莲湖，最大限度地预防雨季雨水冲刷沙土。

整地

2. 种植分区

沙生植物区在主入口处设置了一个小广场，区内通过园路划分成 5 个种植区，分别为综合沙生植物区、大型沙生植物区、中型沙生植物区、小型沙生植物区和芦荟展区。

种植分区（5 个区）

（1）综合沙生植物区。该区位于园内最左边，主要展示了仙人掌科、大戟科、龙舌兰科、芦荟科、刺戟木科、景天科等各大类群中形态各异的沙生植物，包括观叶、观茎、观花等种类。低层配置球状的金琥，莲座状的八荒殿及吉祥冠锦等；中层以群植柱状的仙人掌科植物为主，如春衣、蓝柱、铁柱、摩天柱、巨人柱、武伦柱等，还有大戟科光棍树、彩叶光棍树、铁海棠、霸王鞭和龙舌兰科的龙血树等；高层为散植的辣木科象腿树、锦葵科猴面包树等高大乔木。

综合沙生植物区

（2）大型沙生植物区。该区位于园中心位置，种植了各大类群的大型沙生植物，如辣木科的象腿树，仙人掌科的非洲霸王树、近卫柱、金虎、仙人掌等，大戟科的光棍树、贝信麒麟等，刺戟木科的亚龙木等。在种植之初，大型沙生植物种植数量有限，且很多种类还有待生长，因此，为了景观效果，增加了一些中小型沙生植物的种植，如夹竹桃科的沙漠玫瑰、大戟科的铁海棠、景天科的玉蝶和女王花笠等石莲花品种。

大型沙生植物区

（3）中型沙生植物区。该区位于大型沙生植物区的右后方，主要展示仙人掌科的代表类群，低层配置球状或圆筒状的金琥、裸琥、巨鹭玉，中层配置柱状多棱的蓝柱、铁柱、春衣、武伦柱、巨人柱、摩天柱、黄金柱、近卫柱等。仙人掌类的植物为了减少水分蒸发，叶常退化为针刺状，肥厚的茎部肉质多汁，或球状，或柱状，或扁平掌状，里面贮藏大量的水分，茎上多有螺旋状排列的特殊刺座，它们虽然浑身是刺，但却拥有外刚内柔之心，开的花、结的果格外美丽。

中型沙生植物区

（4）小型沙生植物区。该区位于大型沙生植物区的左后方，初期主要种植了大戟科的霸王鞭、贝信麒麟、银角麒麟和夹竹桃科的非洲霸王树等茎多肉植物，各种小型沙生植物种类还有待进一步丰富。大戟科的多肉植物贮水部分一般在茎部，有些种类的茎和仙人掌类似，呈柱状或圆筒状，有些具棱和疣状突起。

小型沙生植物区

（5）芦荟展区。该区主要展示丰富多样的芦荟属植物，辅以龙舌兰属植物，种植的种类包括不夜城芦荟、开普芦荟、库拉索芦荟、银边龙舌兰、金边龙舌兰、短叶虎尾兰等，三五成群，错落有致。芦荟属植物的贮水组织主要在叶部，属于叶多肉植物，其叶片具有很强的贮水能力，表面坚硬，不易失水，肉质叶常聚生于茎基部呈莲座状，株型紧凑，叶片坚挺，四季常青。

芦荟展区

六、欧洲台地花园

（一）规划设计

古典园林的发展经过了几千年的积累、沉淀，形成了世界三大园林体系：东亚园林、西欧园林和西亚园林。东亚园林是以自然风格为主的园林，起源于中国，中国园林和日本园林都是东亚园林体系的重要代表。西欧园林起源于古埃及和古希腊，发展形成两大流派：以意大利台地园林和法国古典主义园林为代表的规则式园林和 18 世纪英国自然风景式园林为代表的自然式园林。西亚园林也称为伊斯兰园林，起源于古巴比伦与古波斯，园林以带有伊斯兰宗教风格为主。

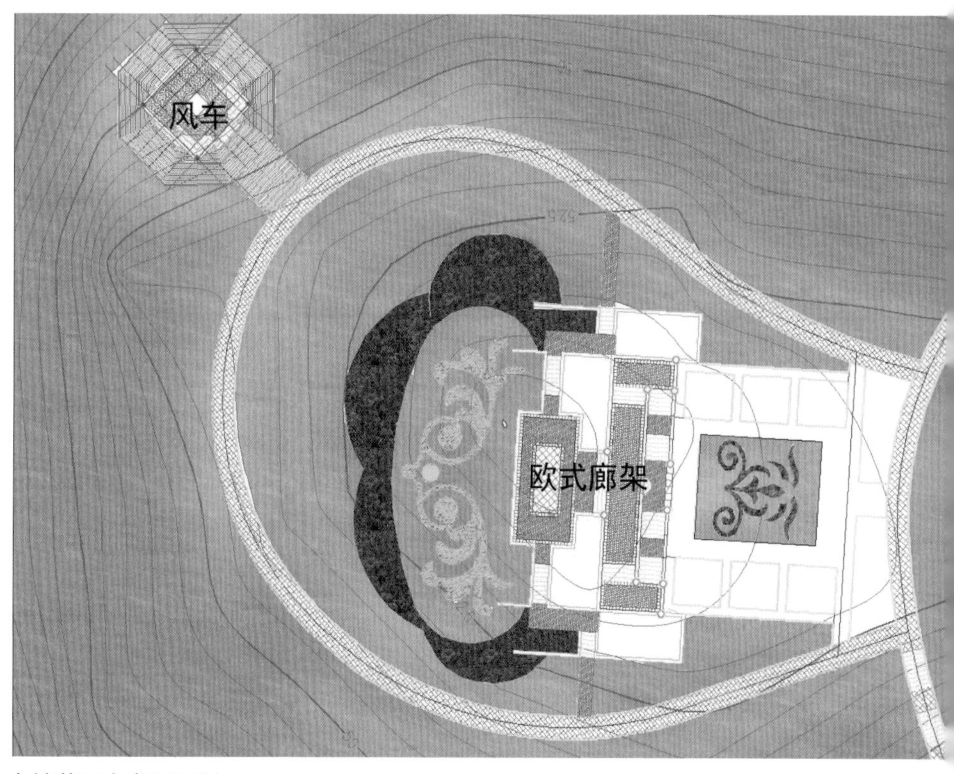

台地花园方案平面图

意大利的台地园林被认为是欧洲园林体系的鼻祖，文艺复兴时期人们向往罗马人的生活方式，富豪权贵纷纷在风景秀丽的地区建立自己的别墅庄园。这些庄园一般都建在丘陵或山坡上，为便于活动，就采用了连续几层台地的布局方式，这就是台地园林的雏形。意大利台地园林是规整式与风景式相结合而以前者为主的一种园林形式，其主要建筑物位于山坡地段的最高处，在它的前面沿山势开辟出一层层的平台，分别配置保坎、花坛、水池、喷泉、雕像，各层台地之间以蹬道相联系，中轴线两旁栽植植物使其与周围自然环境融合过渡。

东莞植物园莲湖东南岸有一座小山丘规划为名树名花园的欧洲区。根据地形特征，在设计上引入了台地花园的概念。台地花园建在小山丘相对开阔平坦的次高点位置，是一个中轴对称的多层次台层，占地面积约 1 500 米 ^{2}。在设计上，以台地花园的形式，呈现规则式的欧式园林风格，强调对称美与图案美，同时，为了更好地营造欧洲风情，还在台地花园旁边设计了一座与之相呼应的景观风车。

（二）建设过程与建成效果

欧洲台地花园是名树名花园欧洲区的代表景观，是一个中轴对称的、浅黄色调的多层次台层。台层拾阶而上，顶部是一个宽敞的俯瞰平台。在平台上设置了一组蓝紫色的欧式廊架，

台地花园正面图

廊架和雕塑

增强了景观的透视效果。在平台旁边设计了一组“大小提琴”雕塑，增加了园林的艺术氛围。台层的栏杆上对称设置了花钵，两侧是对称的几何花坛，前后是图案式的模纹花坛。

植物设计上，把植物图案化、模型化，服从于规整的几何图形，从而产生独具特色的植物景观。台地前后设计了两组模纹花坛，采用红花檵木、黄金叶等生长速度快和耐修剪的植物构造了两幅图腾图案。沿着中轴线对称布置了花坛，花坛有上下三层，呈几何方形，根据

台地花园航拍图

季节变换定时更换时花，鲜艳明亮。在台地外围还用时花营造了一组花瓣形的色块。

台地花园的侧面还建造了一座色彩鲜艳的景观风车，“风吹风车转，风吹幸福来”，风车增添了景观的动态美和立体感，形成整个欧洲区的视觉焦点。小山丘的山顶至高点设置了景观台，可以俯瞰整个台地花园和四周风景。山坡上保留了原有的一片荔枝林，还加种了樟树、大腹木棉、澳洲火焰木、英国悬铃木等景观乔木，增加了植物天际线的起伏变化，乔木周围还开辟了花田，丰富了景观层次。山脚下缓坡草坪上设置了时钟花坛，使单调的草坪增添了生机和活力。整个山丘依地势自下而上分别形成草坪花钟、原有植被、山坡花田、景观风车、

欧洲区航拍图

台地花园和景观挑台等景观层次，形成一幅美丽的欧洲风情画。

七、花境

（一）规划设计

花境是模拟自然界中林地边缘地带多种野生花卉交错生长的状态，运用艺术手法设计的一种花卉应用形式。花境最早出现在中世纪，起源于英国传统的私人别墅花园。花境在 19 世纪 30—40 年代初具雏形，英国阿利庄园（Arley Hall）是标志草本花境产生的主要代表作。19 世纪中后期至 20 世纪初是草本花境极为风靡的发展期。20 世纪初至中后期进入活跃阶段，在草本花境繁荣的同时，出现了效果丰富的混合花境和四季常绿的针叶树花境等特色鲜明的植物造景形式。20 世纪后期至今，由于世界的融通和现代化的到来，使得花境发展更加成熟。花境在我国 20 世纪 80 年代已有涉及，但真正兴起时期是在 2000 年以后，杭州、上海、北京等大城市开始尝试应用，现今花境的应用已遍及很多城市的各种绿地之中。

为了提升东莞植物园园区景观效果，在各专类园的园建工程和基础绿化完成之后，我们在重点游览区域营造了花境景观。花境总面积约 5 600 米^2，分为四大区域：儿童园区（约 700 米^2）、入口区（约 1 600 米^2）、水系区（约 1 100 米^2）、山顶区（约 2 200 米^2），各区域花境又分为若干团块。按植物组成分类，所营造的四大区域的花境均属于混合花境；按功能分类，主要是路缘花境，其次是隔离带花境和岛式花境；按观赏角度分类，主要是单面观赏花境，其次是双面和多面观赏花境。花境各个团块从平面上看呈长短不一的飘带形，在纵向布置上着重丰富层次，这种布置方式可以对周边景观进行适当的凸显和隐藏，同时在景观效果上使得一些花卉色彩在部分植物组群中相互聚集，而另一些花卉色彩在更大的植物组群中延伸，会增强景观的流动感和丰富度。

儿童区花境植物布置区域

入口区花境植物布置区域

水系区花境植物布置区域

花境分区布置图

山顶区花境植物布置区域

（二）建设过程与建成效果

1. 定点放线，铺设观赏小径，整理种植床

依据花境分区布置图，确定花境各个团块的具体位置，若有与现场环境不符的地方，可以在现场适当调整位置。位置定好后，根据施工图，先放好整体轮廓线，再对观赏小径和种植床进行放线，最后对小品配饰及植物种植进行放线。种植床要注意坡度处理及土壤改良。观赏小径穿插于花境之中，可增加花境的观赏面，拉近与游客的距离。

观赏小径

2．小品设置

在花境设计和施工中，我们尝试应用了一些山石、木凳、花钵、树桩等材料作为小品配饰，这些小品配饰与植物自然搭配组景形成了一个个视觉焦点，丰富了花境景观，增添了花境艺术性、趣味性和功能性。花境小品应在整理种植床时按放线位置将其固定，以利于后续植物的种植，且要设置稳固，避免风雨侵袭使其倾斜或倒塌，从而损坏植物和影响景观。

小品设置

3．植物配置

植物配置首先应充分了解各种植物的形态特性、生长习性及生长动态，应预先考虑到3~5年后植物的生长状况，在种植时根据植物材料规格预留好植物生长空间。建植初期不宜过密，否则随着植物生长挤在一起，很难形成良好的景观效果，而且如果种植密度高，在南方夏季高温、高湿的天气条件下很容易造成通风不良，引起植物霉烂死亡。建植初期为避免过多的土壤裸露，可采用一些鹅卵石、沙砾等进行覆盖，也可利用一些时花进行填充和美化处理。种植时，首先栽植高大的背景或结构植物，定好位置后再栽植低矮植物。多面观赏花境，则需要先种植中心部位，再往外缘栽植。

植物是花境最基本的要素，植物应用好坏决定一个花境的成功与否。宿根花卉是花境中应用最广泛的一类植物材料，但是岭南地区的高温、高湿气候，适合生长的宿根花卉种类不多。因此，我们在花境植物的选择上以灌木和生长缓慢的小乔木为主，作为混合花境中稳定的结构植物，应用的植物种类有：鸡蛋花、美丽针葵、大叶琴叶榕、桂花、石榴、罗汉松、直立冬青、侧柏、山茶、紫薇、簕杜鹃、巴西野牡丹、角茎野牡丹、非洲凌霄、冬红、鸳鸯茉莉、朱槿、杜鹃、艳合欢、琴叶珊瑚、马利筋、龙船花、红花檵木、芙蓉菊、变叶木、孔雀木、三色红边铁、灰莉、红果仔、朱砂根、胡椒木、金叶假连翘、金边瑞香、金叶大花六道木、赤楠蒲桃、红纸扇及粉纸扇等。丰富的观花、观叶、观干和观果类乔灌木根据花期和形态合理搭配，高低错落，四季有景，形成稳定的植物群落结构，实现花境的长期效果。在此基础上，穿插种植一些生长强健、成熟可靠、观赏效果好的多年生草本花卉和观叶植物，如绣球花、百子莲、紫娇花、翠芦莉、鸟尾花、秋海棠、柳叶马鞭草、雄黄兰、龙舌兰、朱蕉及巢蕨等，还选择应用了一些适应本地生长、观赏价值高的画眉草、紫穗狼尾草、斑叶芒、

粉花乱子草等观赏草，使景观层次更加丰富。最后，再根据季节定时更换五彩苏、一串红、蓝猪耳、鸡冠花、千日红、矮牵牛、虞美人、鼠尾草、金鱼草及醉碟花等一两年生花卉作为前景饰边植物，添色添彩，确保花境的即时效果。通过对多样化的灌木和小乔木，多年生草本花卉和观叶植物、观赏草及一两年生花卉植物的合理搭配，营造出自然、生态、美观、季相丰富、观赏期长的花境，丰富了园区景观，增加了游园的沿途风景，给单调的园路增添了一道道靓丽的风景线，深受游客喜爱。

花境建成效果

第六章 其他专类园建设实践

一、草药园（Herb Garden）

植物园最初用于药用植物的收集和教学，现代意义的植物园出现于16世纪，意大利的帕多瓦植物园（Padua）、波兰的布雷斯劳（Breslau）植物园、德国的海德尔堡（Heidelberg）植物园等均以药用植物和经济植物展示为主。欧洲植物园最初以引种药用植物为主，服务医学科学，此后则从药用植物扩大到所有植物，并从实用转向物种研究和分类鉴别，可见现代植物园最初角色是药用植物园。公元前138年汉武帝重修的上林苑是有史书记载的我国最早的古代植物园，上林苑栽植天下州府进贡之花木果蔬，且留下各种植物生长记录，其中不乏药用植物，是我国乃至世界上最早的植物园雏形。药用植物与人们生活息息相关，世界上大多植物园都建有药用植物专类园。

中医药文化是中华文化的瑰宝，凉茶是中医药文化的一个分支，也是岭南饮食文化的重要一环。东莞植物园早在2003年就建立了第一个专类园——草药园，收集了不少民间常用药草，如板蓝根、五加皮、香茅等，深受市民的喜爱。在东莞植物园一期工程中，我们决定在新规划园区新建一个草药园（原来的草药园则作为新园的后备药圃），收集、展示我国丰富的药用资源和岭南凉茶植物，弘扬中华传统中医药文化，为公众提供一个认识药用植物、体验中医药文化的科普园地。

草药园全景

草药园建在山丘地上，海拔 85 米，总面积约 5 公顷，其中药圃约 1 公顷，设在山坡一平地上，其余地方修建了登山步道。除药圃外，沿登山步道两侧还可种植各种药用植物。在建设过程中，我们对药圃进行了优化设计，以叶片为轮廓，以叶脉为园路，巧妙利用叶脉划分种植区域，根据药用功效分为 10 个区：清热药区、解表药区、祛风湿药区、利水渗湿药区、补虚药区、止血药区、温里药区、收涩药区和其他药区。同时，在药圃不同位置设置了文化雕塑，用青铜铸造，内容涵盖了我国古代采药、加工、卖药、煎药等各个场景。此外，修建了入口标识、观景亭、科普廊等设施，还准备把原有的一幢旧建筑改造为本草文化馆。

草药园

二、莞香园（Aquilaria Garden）

莞香，学名土沉香，又名白木香、牙香树、女儿香，瑞香科沉香属常绿乔木，国家Ⅱ级重点保护野生植物，是我国生产中药沉香的植物资源。自古因东莞出产的沉香品质最佳，故名莞香，莞香制作技艺、寮步香市已入选国家非物质文化遗产，莞香成为东莞的文化符号和精神象征。

莞香园占地约 3 公顷，与草药园位于同一山丘地，两园并排相连，依山而建，以收集沉香属植物和展示莞香文化为主，打造独具莞邑特色的本土文化主题园。种植了莞香树 300 多株，开放式入口拾阶而上，在平整出的平地上设置莞香树阵，莞香树依山坡种植，景观亭和景观眺台分别建在左右两侧山腰，后续还需完善莞香文化展示设施。

莞香园

三、兰花园（Orchid Garden）

兰花是兰科植物的通称，根据 APG Ⅳ系统（基于 DNA 序列的被子植物现代分类法），兰科分为 5 个亚科：拟兰亚科、香荚兰亚科、杓兰亚科、红门兰亚科、树兰亚科，共 843 属，2.2 万 ~2.7 万种，其中我国有 198 属，约 1 388 种。兰花在园艺上主要分为国兰和洋兰两大类，其中国兰是指兰科兰属的若干种地生兰，包括春兰、蕙兰、建兰、墨兰、寒兰、春剑和莲瓣兰七大类，具有质朴文静、淡雅高洁的气质，观叶胜观花，很符合东方人的审美标准，为我国传统十大名花之一。洋兰也称为热带兰，具有花大色艳、气生根系等特点，兴起于西方，深受西洋人喜爱，因而被冠以“洋”字，但并不是这类兰花均产自国外，我国的华南、西南热带和亚热带地区也是许多洋兰的原产地，如产于我国本地的石斛兰、石豆兰、兜兰、蝴蝶兰等都归属于洋兰类，常见的洋兰有：蝴蝶兰、卡特兰、石斛兰、文心兰、兜兰、大花蕙兰和万代兰。

兰花园占地面积约 3 公顷，其中核心区约 1 公顷，展览温室 346 米 ^{2}，位于莞香园对面平地上，是一个精心布置的精品园区。兰花园在完成基础园建后进行了二次设计施工，基础园建包括路网、水系、基础绿化、廊架及玻璃温室等，二次设计施工内容包括温室内的温湿控制和艺术布景，以及温室外的景观营造和水系优化等，最后再进行兰花及配景植物的种植。历经一年的精心布置和培育，兰花园于 2019 年 4 月 30 日正式开园。

东莞市城市综合管理局郭怀晋局长及党组成员参加开园仪式并剪彩

兰花园的主入口是水泥仿真榕树做成的拱门，拱门上缠绕着粗藤，藤上绑扎了文心兰、蝴蝶兰、卡特兰、万代兰、石斛兰等各种兰花及巢蕨、常春藤等配景植物，沿路的大树上也绑扎了许多兰花，营造出空中花园景观。大门进去有一条小溪潺潺流动至温室内，水来自于兰花园旁的水塘，清澈自然，溪水加上树上的喷雾设备增加了空气湿度，为兰花的生长营造出良好的生态环境。温室外景观以竹廊为中心，以东莞水乡文化为载体，布置了木船、陶罐、蚝壳墙和青砖景墙，利用荔枝木桩绑扎各类兰花形成兰花树，配以罗汉松、鹤望兰、棕竹等植物，营造岭南民居式院落。

兰花园室外景观

展览温室是兰花园的核心景点，面积虽小，但内容丰富，移步易景。室内有塑石、假山、叠水，假山上的岭南亭为观赏制高点。游览线路环绕兰花溪两旁，沿路有枯木桩景、兰花画意小品墙、万代兰廊架、艺术陶罐组景、岭南水榭、月亮门等园林小品，室内两侧各有一个大型仿真榕树桩，树桩附生了各种兰花，形成冲击视觉的兰花柱。

兰花园温室景观

兰花园现种植有兰花近 200 种，集中展示兰属、石斛属、蝴蝶兰属、兜兰属、石豆兰属、卡特兰属等类群，还种植了配景植物 100 多种。种植的特色兰花种类有麻栗坡兜兰、同色兜兰、杏黄兜兰、风蝶兰、异型兰、细叶颚唇兰、华西蝴蝶兰、铁皮石斛、金钗石斛、玫瑰石斛、翅梗石斛、聚石斛、球花石斛、流苏石斛、晶帽石斛、鸟舌兰、小蓝万代兰、笋兰、云南火焰兰、中华火焰兰、红花隔距兰、固唇兰、鹤顶兰及领带兰等。

引种的兰花品种

四、儿童植物园（Children's Garden）

在欧美国家，儿童园一般是指在园林中或校园内单独开辟出来的一块专供孩子们活动的绿地。儿童植物园就是让儿童在游玩的同时能够学习到与植物相关的科普知识，与大自然和谐相处，并且得到快乐，得到身心放松的活动场所。在植物园设置儿童专类园兴起于20世纪90年代末，目前国际上共有2 000多个植物园，其中60%的植物园已建或在建儿童园，其最大特色在于能够让孩子在游玩的过程中手脑并用，从中学到植物知识及其衍生内容，进而了解环保的意义。

儿童植物园占地面积约2公顷，是在原儿童游乐场的基础上改造而成。园内以宫粉羊蹄甲、红花羊蹄甲、黄花风铃木、大红花、簕杜鹃等有花植物营造欢乐的景观气氛，设置了自由追逐的迷宫花园、可爱的瓜果蔬菜区和奇特的趣味植物区，以及沙地乐园、康体乐园等活动区域，为儿童打造一个寓教于乐的自然空间，让孩子们在游玩中认识植物和探索自然。后续还将完善瓜果蔬菜区和趣味植物区，增添种植体验与自然探索的内容。

儿童植物园

五、荔枝园（Litchi Garden）

荔枝，无患子科荔枝属常绿果树，起源于我国南部亚热带地区，广东、广西、福建、台湾、海南等产区栽培历史悠久。目前，荔枝的种植已扩大至全球亚热带地区。

东莞是著名的“荔枝之乡”，是广东重要的荔枝产区，观音绿、冰荔、唐夏红、岭丰糯、红绣球等优良新品种均选育自东莞。东莞荔枝被誉为“岭南第一品”，并于2017年获得国家农产品地理标志，茂密的荔枝林也成为东莞生态绿城的主要特色。东莞植物园于1986年由林场改为园艺场，园艺场期间大量种植荔枝、龙眼、柑橘、杧果等水果，现园内还保留了约20公顷荔枝林，也保存了一批优良的荔枝品种。自2009年开始，东莞植物园从荔枝生产向荔枝种质资源的收集与研究转变，并与华南农业大学合作，从全国各荔枝主产区收集荔枝种质资源，现已收集广东、广西、福建、海南、四川、云南、贵州等省区荔枝种质资源307份，成为“华南农业大学中国荔枝研究中心东莞研究基地”和“农业农村部国家瓜果改良中心荔枝分中心荔枝种质资源圃及品种改良基地”。

荔枝园（荔枝种质资源圃）占地面积10公顷，是一个以荔枝种质资源的收集和研究为主的科研型专类园。在原有荔枝林的基础上，修建园路、赏荔亭、排灌系统等基础设施，并对周围的水系和草坪景观进行了提升，主要品种有糯米糍、桂味、丁香、紫娘喜、冰荔（又名红蜜荔）、红绣球、唐夏红、井岗红糯、岭丰糯、观音绿、仙进奉、贵妃红、庙种糯、美园糯、凤山红灯笼及水晶球等。

荔枝园

六、杜鹃园（Rhododendron Garden）

杜鹃花为世界名花，也是中国传统十大名花之一，为杜鹃花科杜鹃属常绿灌木，喜凉爽、湿润、通风的半阴环境，多分布于中高海拔山地，与龙胆花、报春花并列为“中国三大高山名花”。全世界的杜鹃属物种有约 960 种，我国有约 542 种，是世界杜鹃花多样性分布中心。杜鹃花主产于我国西南部，从 19 世纪起陆续引入欧洲并传向全世界，成为世界各公园广泛栽培的著名花卉植物，其色彩艳丽、繁花似锦，有热情奔放、鸿运高照的美好寓意，园艺上主要分为春鹃、夏鹃、西鹃、东鹃和高山杜鹃五大品系。

杜鹃园位于莲湖北岸的一个缓坡面，为一片阔叶人工林，上层树种有黄葛榕、樟树、阴香、无忧树、印度紫檀等，中下层树种稀疏，林下阴凉通风的环境非常适合种植杜鹃花。因此，从景观考虑，决定把这一坡面打造成杜鹃坡，计划分步实施，首先从山脚沿坡面选择约 1 公顷的坡地作为主景设计，接下来再逐步往周边及山坡上延伸扩大规模。

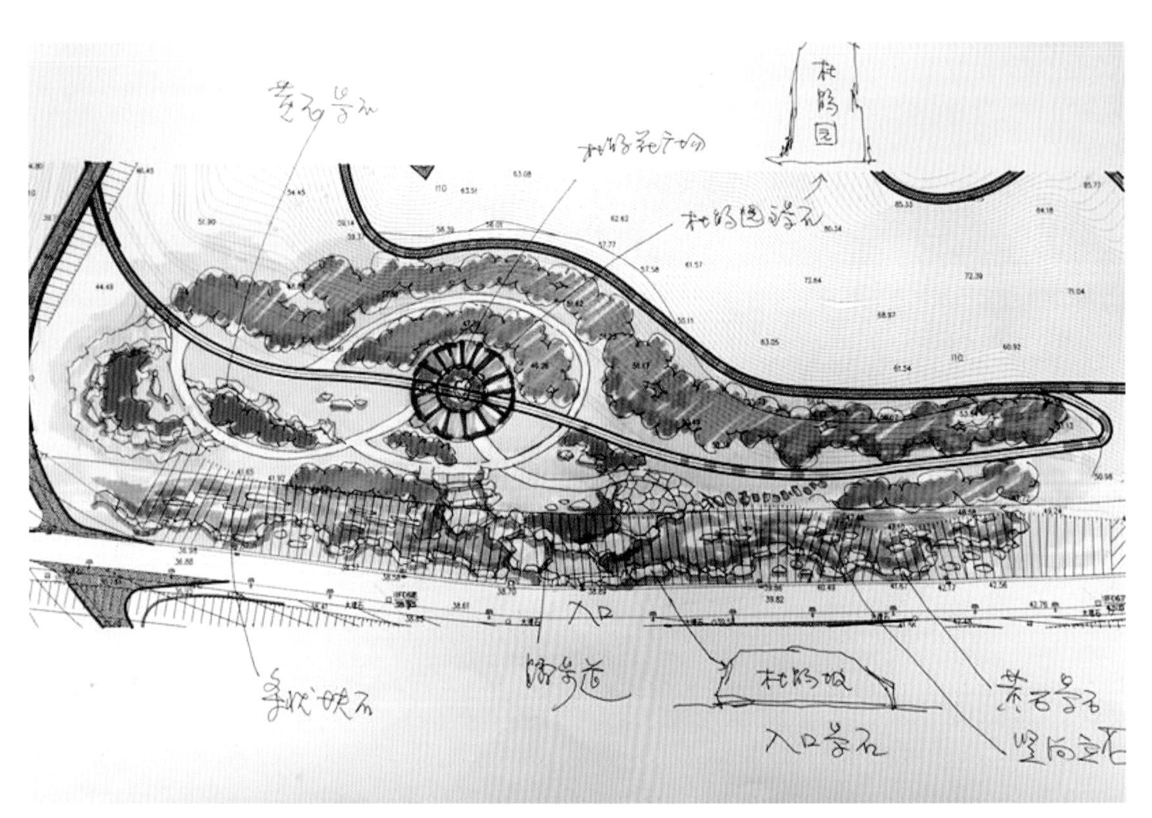

杜鹃园设计平面图（伍勇手绘）

杜鹃园依山而建，通过梳理上层乔木和配置喷灌设施，营造出适宜杜鹃生长的光照和湿度环境。选择开敞空间置石题字，点明全园主题，并形成整个园区的观赏焦点。园路以片状英石铺设成迂回山间小径，既延长了游览路线，还使得园林空间组合灵活多变。种植区域通过块状的黄水石和片状的英石进行分割和组合，映山红和锦绣杜鹃等适应性强的耐热品种采用片状和带状种植，云锦杜鹃、猴头杜鹃、三叶杜鹃、马醉木、马缨花、羊踯躅等原生种和多样的园艺品种散植于各种植池中，疏密有致，营造出“山为体，杜鹃为魂，林为木，石为床”的意境。杜鹃在东莞的花期为 3—4 月，每逢植树节前后，各色杜鹃争奇斗艳，姹紫嫣红的杜鹃花与林木交相辉映，景观自然丰富，视线灵活多变。

杜鹃坡

杜鹃园

七、芳香植物园（Aromatic Plant Garden）

芳香植物是指能从植物某些器官中提取精油、挥发油或含有辛香料及难以挥发的树胶等一类植物的总称，兼有香料植物、药用植物、观赏植物等多种属性。芳香植物作为一类独具芳香性、观赏性和保健性特点的景观植物，在园林绿地中的应用使人们传统的感官体验得到了改变与升华，将环境心理学和医学相结合应用，在营造现代园林绿地的嗅觉美、视觉美、味觉美、自然美、健康美等领域具有很大的应用价值。

芳香植物园占地面积约6公顷，位于莲湖西南岸，包括一个小山丘和与之相连的一片缓坡地，山丘上主要种植了四季桂、丹桂、金桂、银桂、肉桂、香樟、山苍子、芳香月季、双色茉莉、夜来香、依兰香等芳香植物，山坡地则利用天然的地形坡度成片种植了鼠尾草、波斯菊、醉蝶花、翠芦莉等花草，营造引人入胜的香草世界，展示芳香植物的多样性与养生科学属性。

芳香植物园

八、彩叶植物园（Colored-leaf Plant Garden）

彩叶植物是指其叶片在整个生长季节或生长季节的某些阶段表现出与自然绿色显著不同的色彩植物。彩叶植物园面积 2 公顷，位于莲湖东北岸的小山丘，道路沿着缓坡面环绕，山坡上种植了银杏、鸡爪槭、枫香、大叶紫薇、莫氏榄仁、锦叶榄仁、金酸枣、漆树、乌桕、黄连木及肖黄栌等彩叶植物，12 月至翌年 2 月是本园观赏彩叶植物的好时节，受冷空气影响，彩叶植物逐渐换上彩装，呈现出诗意美景。

彩叶植物园

九、山茶园（Camellia Garden）

山茶，又名茶花，是山茶科山茶属植物的通称。叶浓绿而具光泽，花缤纷而艳丽，被列入中国十大名花，深受世界园艺界的珍视。山茶属半阴性植物，宜于散射光下生长，怕直射光暴晒。因此，根据山茶喜半阴环境的生长特性，山茶园选址于橡胶林下，橡胶的落叶特性能为茶花冬季开花提供适宜的光照条件，同时茶花又能弥补橡胶林冬天落叶后的萧瑟景观。山茶园面积约 1 公顷，分为金花茶区和茶花品种区，收集了金花茶、柠檬金花茶、显脉金花茶等金花茶种类及单瓣、复瓣、重瓣等不同类型的茶花品种。

茶花园

山茶园

十、橡胶文化园（Rubber Culture Garden）

橡胶，大戟科橡胶树属落叶乔木，割胶时流出的乳汁经凝固、干燥而制得天然橡胶，用途广泛，是重要的战略资源。东莞植物园保存有我国分布较北的橡胶林约 4 公顷，是 20 世纪 60 年代板岭林场职工和下乡知青响应国家发展橡胶工业的号召所种植。如今，该橡胶林已成为我园一道独特风景，承载着板岭林场的历史，诉说着橡胶背后的故事。

橡胶文化园

第七章 总结与展望

根据国际植物园保护联盟（BGCI）统计，截至 2015 年，全世界约 180 个国家建成 3 200 余个植物园。中国科学院华南植物园在“植物园国家标准体系建设”支持下，对全国植物园及其植物迁地保护和资源发掘利用现状进行了系统调查。截至 2016 年，我国已建成 192 个植物园，分别隶属于中国科学院及城市建设、林业、医药、农业、高校等系统。21 世纪以来国家及地方大力推进生态文明建设，全国兴起建设植物园的热潮。据了解，广东近年在筹备或建设中的植物园有东莞植物园、惠州植物园、江门植物园、佛山植物园、中山植物园、潮州植物园、廉江热带植物园等。新建植物园主要是地方植物园，东莞植物园的建园经验对地方植物园的建设具有一定的参考意义。

一、建园经验

（一）根据园区基础条件分期建设，迅速形成效果

东莞植物园是在 2007 年建成开放的绿色世界城市公园的基础上进行规划建设，城市公园更名为植物园后，当务之急是要名副其实，首要任务是在原公园基础上丰富植物种类和植物景观，实现园区从城市公园向植物园的转变。因此，东莞植物园根据实际情况决定分两期进行建设，第一期就是建设植物专类园，经过近两年的施工建成了名树名花园、岩石园、荔枝园、杜鹃园、兰花园、草药园、莞香园、儿童植物园、芳香植物园、彩叶植物园、山茶园和橡胶文化园 12 个专类园，营造了以植物多样性为精髓的园林，使我园植物种类从原有 1 568 种（含品种）增加到约 3 500 种（含品种），建设初显成效。第二期建设主要是针对存在问题完善植物园的各项功能，包括建设游客服务中心、科普馆、停车场等基础设施，进一步丰富园区植物多样性等内容。然而，植物园的建成不是一蹴而就的，“艺术外貌、科学内涵、文化底蕴”还需要通过时间、经验、技术、知识和人文的长期累积。

（二）突出地方特色，立足于为城市服务

东莞植物园规划设计之初对功能定位问题进行了专项调研和反复论证，在吸取同行经验的基础上，挖掘东莞本土特征和优势，基于东莞的区位环境（位于广州的华南植物园和深圳的仙湖植物园之间）和城市格局（国际制造业名城、现代生态都市、“海纳百川、厚德务实”城市精神），园区的地形地貌特征（有山有水有平地，自然环境好），本土植物资源状况（东莞是荔枝之乡、以东莞地名命名的莞香及其文化），单位属性（隶属于东莞市城市综合管理局，为地市级城市植物园）等因素，明确其功能定位为：以“物种保育、科普教育、生态休闲”为主要功能，重点收集和展示岭南特色植物种类和园林园艺植物种类，建成国内一流的风景观赏型植物园，使之成为东莞的生态名片和旅游精品。不同于大型综合性的中国科学院系统植物园，东莞植物园在功能上侧重于为美丽东莞服务，保护地区生物多样性，为市民提供优美的、寓教于乐的生态休闲环境，为城市绿化提供优良树种，促进城市可持续发展。因此，东莞植物园在园区建设方面着重“艺术的外貌”；在专类园营造方面以观赏性专类园为主，包括名树名花园、岩石园、杜鹃园、山茶园、兰花园、彩叶植物园、芳香植物园。此外，从地域特色考虑，规划建设了荔枝园（以资源收集和研究为主）、莞香园和橡胶文化园（以植

物文化展示为主）；从公众科普考虑，规划建设了草药园、儿童植物园。

（三）植物园专业性强，在项目实施方式上有一定的灵活性

根据《城市绿地分类标准（CJJ/T85-2017）》，植物园属于专类公园，是进行植物科学研究、引种驯化、植物保护，并供观赏、游憩及科普等活动，具有良好设施和解说标识系统的绿地。其建设相对于普通公园要求更高，既要具有艺术的外貌，又要满足科学的要求，如植物保育设施和科研、科普设施的建设，专类植物的收集与展示等。专类植物如岩石园的岩生植物、草药园的药用植物大多是野生类群，无成熟的市场价格体系，其引种、培育、种植有其特殊的时间规律，难以适应现行的财政审价制度和工程招投标制度。就此情况，针对植物的引种收集，通过与相关部门充分沟通，在审价和招标方式方面争取了一定的灵活性：把需引种的专类植物和特殊景观植物从绿化工程中分出来，这部分苗木采用政府采购的形式进行，而普通的景观绿化则按工程招投标方式进行；价格方面，对于没有信息价参考的苗木，由建设单位通过调研得到的价格作为招标控制价，以中标价作为结算价。通过这些措施，解决了植物园特殊苗木采购无法财政审计的瓶颈，且相对保障了苗木质量。同时，在兰花温室的艺术布景等方面也采取了同样的措施，提升了兰花温室的生境条件和布景效果。值得一提的是，工程建设阶段的植物引种由于时间限制，能收集的植物种类很有限，真正的植物引种工作应在建园后常年开展和逐步积累。

（四）各专类园指定专业技术人员跟进施工现场，发现问题及时调整

为确保各专类园的建成效果，我们对各专类园指定了负责人，从使用者的角度对施工现场进行监管，各园负责人就是今后要负责该园管理的专业技术人员。采取这项措施，一方面保证了工程质量，另一方面，专业技术人员能在第一时间发现一些不合用的设计或与施工现场不符的情况，从而能及时根据现场情况和适用性进行相应的变更调整。尽管工程变更手续烦琐，但为了保证效果，我们还是尽可能地调整。值得注意的是，变更手续一定要按规范进行，一定要做好变更现场记录，不能突破允许可变更的量。我们在专类园施工过程中做了大量的变更，其中一项大变更因为赶进度未按规范程序审批进行导致了一系列麻烦，受到深刻教训，应引以为戒；还须注意的是，在设计阶段加强与设计院的沟通，并且仔细审图，充分论证，尽可能完善好图纸，以减少施工过程中的变更。

（五）建成后采取大园区开放式管理与专类园封闭式管理相结合的管理模式

东莞植物园是在原绿色世界城市公园的基础上进行规划建设的，原来整个园区未建围墙，是全开放式管理。植物专类园是专科、专属和专类植物展示和保护的重要场所，从植物资源保护和精细化管理方面考虑，专类园应封闭管理。但为了减少对市民休闲锻炼需求的影响，一期工程仅对专类园部分修建了铁艺镂空围栏以实现对专类园的封闭式管理。考虑到园区景观的整体性，没有采用实体围墙。建成后，为了兼顾市民需求与管理需要，我园采取大园区开放式管理与专类园封闭式管理相结合的管理模式，大园区全天候开放，专类园的开放时间与单位上下班时间同步。

（六）查找不足之处，吸取教训，少走弯路

1．灌溉系统不完善，植物浇灌问题大

植物园以植物造景为主，植物多样性是其核心内容，植物都需要灌溉，不同植物对灌溉又有不同的要求，因此植物园对灌溉系统的要求特别高，在建园时一定要把灌溉系统摆在非常重要的位置，从全园整体考虑水池、水压和节水、蓄水问题，应具备天然水（雨水、地下水、湖水）和自来水两套供水系统，还应针对不同类别植物采取不同的灌溉方式。建设时应是灌溉先行，灌溉系统建好后才种植植物。东莞植物园一期工程在灌溉系统的设计上不完善，加上植物种植与园建工程分开招标，由不同的施工单位实施，各自赶工期，配合不协调，导致大量新种植物未能有效地浇灌而死亡，也为后续植物养护带来很大麻烦。

2．园路设计不利于游园观赏

东莞植物园面积大，全园游览需要乘坐电瓶车。但园区可通行电瓶车的道路未形成合理的环路，且有的路段太窄，电瓶车与行人会有一定的冲突。有些园路与植物距离太远，不利于观赏。这些情况有待后续逐步改造。

3．道路选材欠妥，存在安全隐患

东莞植物园的道路设计了大量的透水混凝土和自然面的石材，透水混凝土路面湿滑，自然面的石材表面凹凸不平，游客行走不便，给游客游园带来安全隐患。后来采取了一些措施进行改造，如在透水混凝土路面加防滑垫，在坡度较大的路两边加台阶式步行道，对石材凹凸面进行磨平处理等。因此，园区道路选材时应把安全问题放在首位考虑，其次是美观、耐用。

4．公厕的外观和位置与环境不协调

公厕是园林中十分重要的空间，除了基本使用功能外，还应在构建园林景观、展示地方文化等方面发挥作用，公厕也是城市品质和城市形象的重要载体之一。东莞植物园专类园区新建了 7 座公厕，存在的主要问题是位置设在游览主路边，外立面突兀，与周边环境不协调，影响景观和私密性，后来尝试了对公厕外立面进行垂直绿化处理以求缓和与环境的关系。此外，其内部功能布局不够合理，设施配置也欠佳，有待改善。植物园作为精品园林，应重视公厕设计，充分考虑景观性、私密性、功能性和气味等因素，公厕应建成标识度强、与环境融合的园林式精致小建筑，位置应离主路有一定距离，周围可种植桂花、九里香、双色茉莉等香花植物。

二、后续建设

东莞植物园一期工程主要是专类园建设，建成后仍然存在一些问题：植物园周边交通堵塞、停车难，缺乏必要游客服务和科研、科普设施，专类园只是重点建设了岩石园和名树名花园，其余大多园区只是建了个框架，其植物种类和设施还亟待提升，这些问题计划在二期工程中进行完善。近年来，东莞市大力推进生态文明建设，出台一系列举措以打造国际制造名城和现代生态都市。2018 年，东莞植物园二期工程列入东莞市“三大节点”重点项目和东莞市“城市品质三年提升”计划项目，接下来三到五年时间东莞植物园将重点开展二期工程建设，主要建设植物园的科普馆、游客服务中心、停车场、休闲设施、文化设施、智慧系统、灌溉系统等基础设施，以及丰富园区植物多样性，全面提升植物园的科学内涵和社会服务功能，把东莞植物园建设成为特色鲜明、物种丰富、园景优美、具有一流景观和一定影响力的植物园，成为东莞的城市名片和生态名片。

附录

引种的代表性植物

1. 德保苏铁（*Cycas debaoensis* Y. C. Zhong et C. J. Chen）

苏铁科苏铁属，国家Ⅰ级重点保护野生植物，中国特有种。20世纪90年代在广西德保县被发现，因其奇特的叶片和极高的园艺观赏价值引起轰动。德保苏铁保留了许多原始特征，其分枝、分叉的原始特征到如今大概有三亿八千万年的历史，对于研究种子植物的起源演化、植物与动物的协同进化、植物区系、古地质和古气候的变迁等具有重要意义。德保苏铁分布区狭窄，仅产于广西德保县扶平乡约15.3千米^{2}的石灰岩山坡。

德保苏铁

2．银杏（*Ginkgo biloba* Linn.）

银杏科银杏属，国家Ⅰ级重点保护野生植物，为中生代孑遗的活化石植物，是银杏科唯一生存的种类，具有许多原始性状，对研究裸子植物系统发育、古植物区系、古地理及第四纪冰川气候有重要价值。银杏生长较慢，从栽种到结果要20多年，40年后才能大量结果，“公种而孙得食”，因此又名“公孙树”。银杏是珍贵的药材和干果树种，与松、柏、槐被列为中国四大长寿观赏树种，仅浙江天目山有野生状态的树木，生于海拔500~1 000米、酸性黄壤、排水良好地带的天然林中，目前已在世界各地广泛栽培。

银杏

3．水杉（*Metasequoia glyptostroboides* Hu et Cheng）

杉科水杉属，国家Ⅰ级重点保护野生植物。水杉是闻名中外的古老珍稀孑遗树种，对于古植物、古气候、古地理、地质学，以及裸子植物系统发育的研究均有重要的意义。20世纪40年代，我国植物学家首次在湖北、四川交界的磨刀溪发现了幸存的水杉巨树，其野生类群仅分布于四川石柱县，湖北利川县磨刀溪、水杉坝一带，以及湖南西北部龙山及桑植等地。当前，世界各地已普遍引种，成为著名的园林观赏树种。

水杉

4．华盖木［*Pachylarnax sinica*（Law）N. H. Xia et C. Y. Wu］

木兰科华盖木属，国家Ⅰ级重点保护野生植物。华盖木是地质时代第三纪、第四纪遗留下来的古老孑遗树种，是木兰科中最古老的单种属植物之一，为云南特有，因数量稀少而被称为“植物中的大熊猫”。其树干挺直光滑、树冠巨大，是优良的庭园观赏树种。产于云南西畴法斗，生于海拔 1 300~1 500 米的山沟常绿阔叶林中，与大叶木莲、灯台树、伯乐树、刺楸、白克木等混交成林。

华盖木

5．伯乐树（*Bretschneidera sinensis* Hemsl.）

伯乐树科伯乐树属，国家Ⅰ级重点保护野生植物，中国特有单种科植物，是第三纪古热带植物区系的孑遗种，对研究被子植物的系统发育和古地理、古气候等方面有重要科学价值。伯乐树因开花时像倒吊的钟而又名为钟萼木，是良好的用材和观赏树种。产于四川、云南、贵州、广西、广东、湖南、湖北、江西、浙江、福建等地，生于低海拔至中海拔的山地林中。

伯乐树

6．金花茶（*Camellia nitidissima* Chi）

山茶科山茶属，国家Ⅱ级重点保护野生植物。金花茶是山茶花中唯一开黄色花的类群，被誉为“茶族皇后”“神奇的东方魔茶”，具有极高的观赏价值和药用价值。全世界 90% 的野生金花茶仅分布于我国十万大山的兰山支脉（广西防城港市）一带，生长于海拔 700 米以下，多生长在土壤疏松、排水良好的阴坡溪沟处。

金花茶

7．苏铁蕨［*Brainea insignis*（Hook.）J. Sm.］

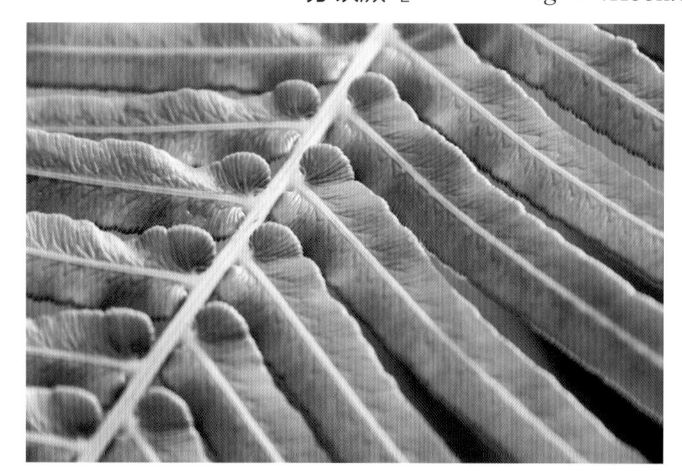

乌毛蕨科苏铁蕨属，国家Ⅱ级重点保护野生植物。苏铁蕨古老且珍贵，为单种属植物，因外形类似苏铁而得名。苏铁蕨为大型蕨类，形体苍劲，观赏价植较高，已引种驯化为观赏蕨类。根状茎富含淀粉，可食用和酿酒。苏铁蕨分布于广东、广西、海南、福建（南部）、台湾及云南，生长于海拔 450~1 700 米的山坡向阳处，也广布于从印度经东南亚至菲律宾的亚洲热带地区。

苏铁蕨

桫椤

8．桫椤［*Alsophila spinulosa*（Wall. ex Hook.）R. M. Tryon］

桫椤科桫椤属，国家Ⅱ级重点保护野生植物，为第四纪冰期洗礼后有幸孑遗下来的活化石植物，对研究蕨类植物进化和地壳演变有着非常重要的科学意义。桫椤为木本蕨类植物，又称树蕨，被誉为“蕨类植物之王”。在距今约 1.8 亿万年前，桫椤曾是地球上最繁盛的植物，与恐龙同属爬行动物时代的两大标志。桫椤产于福建、台湾、广东、香港、广西、贵州、四川、重庆、江西等地，生于林下或溪边阴地。

9．**笔筒树**［*Sphaeropteris lepifera*（Hook.）R. M. Tryon］

桫椤科白桫椤属，国家Ⅱ级重点保护野生植物。笔筒树原生长于中生代侏罗纪，为当时恐龙的主要食粮，第四纪冰期基本灭绝，仅在我国南部和东南亚国家部分地区有少量植株残存，对研究植物系统进化和地史演变有重要科学意义。笔筒树树干修长，叶痕大而密，树干形如蛇，故又有“蛇木”之称，野生类群分布于我国台湾、福建，以及菲律宾北部、日本琉球群岛，生长于海拔 1 500 米的地区，多成片生于林缘、路边或山坡向阳地段。

笔筒树

10．**见血封喉**（*Antiaris toxicaria* Lesch）

桑科见血封喉属，国家Ⅱ级重点保护野生植物。见血封喉又名箭毒木，是世界上最毒的树，其乳白色汁液剧毒，误入眼中会引起双目失明，由伤口进入人体会引起中毒，使心脏停博，血管封闭，血液凝固，以至窒息死亡，故名“见血封喉”。动物中毒症状与人相似，古时被用作箭毒狩猎。野生见血封喉产于广东（雷州半岛）、海南、广西、云南（南部），多生于海拔 1 500 米以下的雨林中。

见血封喉

鹅掌楸

11．**鹅掌楸**［*Liriodendron chinense*（Hemsl.）Sargent.］

木兰科鹅掌楸属，国家Ⅱ级重点保护野生植物。鹅掌楸为古老的孑遗植物，现仅残存鹅掌楸和北美鹅掌楸两种，成为东亚与北美洲际间断分布的典型实例，对植物地理学和古植物学有重要科研价值。鹅掌楸叶形如马褂，又称马褂木，花形似郁金香，被称作“郁金香树”，是珍贵的行道树和庭园观赏树种，也是优良的木材树种。我国大部分地区均有栽培，越南北部也有分布，生于海拔 900~1 000 米的山地林中。

12．樱花（*Cerasus* Mill）

狭义的樱花专指山樱花（*Cerasus serrulata*）这一种，广义的樱花是蔷薇科樱属植物的总称。樱花类植物资源分为野生种和栽培种。樱花的品种极为繁多，花色多为白色、红色，按照花期早晚可分为早樱、中樱、晚樱和冬樱。每年樱花盛开之时带着春天的气息和活力，给人以希望和力量，待到落花飞舞，如雪而逝，漫步其下，则好像来到了仙境。樱花是日本的民间国花和精神象征，日本人认为人生就如同樱花的生命过程一样短暂，因此在短暂的人生里活着就要只争朝夕、努力奋斗，像樱花一样活得灿烂，方不负人生的意义。

樱花

13．**龙血树**（*Dracaena* L.）

龙舌兰科龙血树属的乔木或灌木，其生长异常缓慢。目前，全世界龙血树共有 40 余种，我国产 5 种：剑叶龙血树、海南龙血树、长花龙血树、细枝龙血树和矮龙血树，其中剑叶龙血树和海南龙血树茎干分泌的深红色树脂是提炼名贵的云南红药——血竭的原材料。血竭有活血、止血和补血等功效，被誉为“活血圣药”，是治疗内外伤出血的重要药品。

龙血树

14．檀香（*Santalum album* L.）

檀香，又名白檀、真檀，檀香科檀香属半寄生性的常绿小乔木，是一种古老而神秘的珍贵树种，主产于印度（东部）、澳大利亚、斐济及东南亚各国等湿热地区，我国广东、台湾有栽培，现以印度栽培最多。檀香在佛教中备受推崇，在宗教领域里它被誉为“神圣之树”；在历史上，由于象征着权力和地位而被誉为“皇室之树”；在现代市场经济里被人们誉为“黄金之树”。檀香之所以被称为“黄金之树”，是因为它几乎全身是宝，而且每个部分的经济价值都很高，集芳香、药用、材用于一身。但由于檀香是一种半寄生植物，生长极其缓慢，通常要数十年才能成材，因而檀香的产量很受限制，人们对它的需求又很大，所以从古到今，它一直都是既珍稀又昂贵的木材。

檀香

15．玉兰（*Yulania* spp.）

二乔玉兰

木兰科木兰属玉兰亚属落叶乔木或灌木，一般先开花后出叶，或开花与出叶同时进行。园林应用上主要有玉兰、紫玉兰和二乔木兰 3 种。玉兰较为常见，别名白玉兰、望春花、迎春花、玉兰花。紫玉兰的花蕾晒干后称辛夷，为我国传统中药。二乔玉兰是玉兰与紫玉兰的杂交种，花瓣外呈淡紫色，内里雪白，再生能力不强，是非常珍贵的花木栽培种。

二乔玉兰

玉兰

二乔玉兰

紫玉兰

紫玉兰

16．茶花（*Camellia* spp.）

山茶科山茶属多种植物和园艺品种的通称。花瓣为碗形，分单瓣或重瓣，单瓣茶花多为原始花种，重瓣茶花的花瓣可多达60片。茶花有不同程度的红、紫、白、黄各色花种，甚至还有彩色斑纹茶花，而花枝最高可以达到4米。性喜温暖、湿润的环境。花期较长，从10月至翌年5月都有开放，盛花期通常在1—3月。因其植株姿态优美、叶浓绿而有光泽、花形艳丽缤纷而受到世界园艺界的珍视。茶花的品种极多，是中国传统的观赏花卉。

17．中国无忧花（*Saraca dives* Pierre）

豆科无忧花属，常绿乔木，分布于我国云南、广东、广西等地，印度、越南、老挝、马来西亚等国家也有分布。无忧花树姿雄伟，叶大下垂，花序大型，花多而密，花色橙黄或绯红，花期为4—5月，开花时树枝上到处布满花，如团团火焰，令人目不暇接，有“火焰花”之称，现被广泛用作街道、庭院、公园的绿化树种。

18．美丽异木棉（*Ceiba speciosa* St. Hih.）

锦葵科吉贝属，因开花时满树的粉红色花朵绚丽耀目，异常美丽，因此也被称为“美人树”。掌状复叶有小叶 5~9 枚，边缘有锯齿。花冠粉红色或淡紫红色，近中心处白色带紫斑，略有反卷。花丝合生成雄蕊管，包围花柱，花期为 10—12 月。蒴果纺锤形，长 8~12 厘米，果实成熟以后，厚厚的外壳会开裂脱落，于是就有了一团团白色的、像棉花一样的絮状物悬挂在枝头，就像一朵朵等待采收的棉花。这些棉絮状的物质也是种子的附属物。

19．弥勒佛树（*Cavanillesia umbellate* Ruiz & Pav.）

弥勒佛树是一种通过嫁接技术培育出来的高档园林观赏植物，树干砧木为原产于南美洲的纺锤树（*Cavanillesia umbellate* Ruiz & Pav.），隶属于锦葵科纺锤树属，因其树茎干膨大，似弥勒佛的大肚子，引入国内后称其为弥勒佛树。在园林应用上为了提高纺锤树的观赏价值，将同为锦葵科的吉贝属植物美丽异木棉（*Ceiba speciosa* St. Hih.）作为接穗进行高枝嫁接，这样既保留了纺锤树异常膨大的茎干，又具有美丽异木棉色彩艳丽的花，从而展现出既可观干又可观花的弥勒佛树。

20．龙舌兰（*Agave* spp.）

天门冬科龙舌兰属多肉植物的统称，体形一般偏大。龙舌兰大多茎短粗壮，其上着生密密麻麻的叶片，几乎看不到茎的存在，肉质的叶片宽大，植物纤维丰富，较坚挺，莲座状排列，不少种类的叶片边缘和顶部具有尖锐的刺。花茎粗壮高大，花序通常为大型稠密的顶生穗状花序或圆锥花序。

21．月季（*Rosa* spp.）

蔷薇科蔷薇属一类植物的总称，是我国重要的木本观赏花卉。全世界大约包含200种，中国分布95种，其中65个特有种，而且中国是野生蔷薇主要分布区之一，中国西部地区是蔷薇属的遗传多样性中心。月季栽培品种在植物学分类上不是单一种，这些品种都是经历了几个世纪的人工杂交产物，育种材料涉及蔷薇属多个种。按照美国玫瑰协会的分类方法，将月季分为野生种、古老月季及现代月季，现代月季又可分为不同的品系。

22．土沉香［*Aquilaria sinensis*（Lour.）Spreng.］

瑞香科沉香属常绿乔木，又名莞香、白木香。树皮暗褐色，易剥落。叶片呈椭圆形，具油亮光泽，花黄绿色，具香味，数朵组成伞形花序，花期为3—5月。蒴果卵球形，幼时绿色，顶端具短尖头，2瓣裂，2室，每室具1颗种子。

土沉香在东莞有1 000多年的种植历史，以地方名称对此香进行命名，具有独特的地方人文意义。中国传统香文化源远流长，香道、茶道与花道是中国的三大传统文化，而香道中使用到的香料又以莞香最为推崇，莞香所结之沉香被誉为“植物中的钻石”。

23．瓶干树［*Brachychiton rupestri*（T. Mitch. ex Lindl.）K. & nb］

梧桐科瓶干树属高大乔木，原产于澳大利亚昆士兰及南威尔斯的干燥地带，属茎干多肉树种。瓶干树茎干在生长 15 年后才会逐渐膨大，具有一定观赏价值的树树龄都应该在 50 年以上，成年瓶干树体形硕大，形似酒瓶，故名“瓶干树”。

瓶干树茎干内肉质疏松，具有储藏水分的作用，在雨季时能储存大量的水分，以对付漫长的旱季。一株直径 1 米的瓶干树能够储藏 2 吨的水分。因为该树种耐移栽，现作为观赏植物在世界各地广泛种植。

24．菩提树（*Ficus religiosa* L.）

桑科榕属高大乔木，高达15~25米，胸径30~50厘米，分布于中国、日本、马来西亚、泰国、越南、不丹、锡金、尼泊尔、巴基斯坦及印度。

菩提树为佛教“五树六花”之一，传说在2 000多年前，佛祖释迦牟尼在菩提树下修成正果。在印度，无论是印度教、佛教还是耆那教都将菩提树视为“神圣之树”，政府更是对菩提树实施“国宝级”的保护。

25．红枫（*Acer palmatum* 'Atropurpureum'）

槭树科槭属，是鸡爪槭的栽培品种，落叶小乔木，树姿开张，小枝细长，单叶交互对生，常丛生于枝顶，叶掌状深裂，裂片5~9，裂深至叶基，裂片长卵形或披针形，嫩叶红色，老叶终年紫红色。

红枫树形飘逸，树姿俏丽，叶色鲜艳，是优良的彩叶园林树种。作为孤植树配置在水边，在阳光的照射下色彩更加鲜艳，可发挥形成景观焦点或引导游客视线的作用。

26．睡莲（*Nymphaea* L.）

睡莲科睡莲属，古希腊人相信睡莲是洁净与纯美的仙女化身，同时其花形似百合，绽放在水中，所以它的英文名为 Water Lily，即水中百合。

睡莲属为多年生草本，全球有近 60 个原生种，广泛分布于温带及热带，根据其雄蕊附属物形态可划分为 5 大亚属，为缺柱（澳大利亚）睡莲亚属、短柱（广热带）睡莲亚属、棒柱（新热带）睡莲亚属、带柱（古热带）睡莲亚属、耐寒（广温带）睡莲亚属，其花大形，美丽，有白、红、粉、蓝、紫、黄等多种颜色，观赏价值颇高。

27. 罗汉松［*Podocarpus macrophyllus*（Thunb.）D. Don］

罗汉松科罗汉松属，别名土杉，常绿针叶乔木，高可达20米，胸径达60厘米；树皮灰色或灰褐色，浅纵裂，成薄片状脱落；枝开展或斜展；叶革质，螺旋状着生，线状披针形，被白粉；肉质种托紫红色。

罗汉松树形古雅，树姿优美，造型效果好，易于成活，园林造景中多采用孤植、对植、片植等栽植方式。在名树名花园的水系源头区专门设置一组罗汉松桩景，对植于溪流两旁，犹如仙女探身溪边照镜子的姿态，构成了一幅优美的图画。

罗汉松的种子与种柄组合奇特，惹人喜爱。选择冠形好、冠幅大、枝条密的孤植于庭园、草地、池塘边、湖畔、山石、假山等旁边，风景别具一格，有画龙点睛之效，是园林植物中“高、精、美”的代表。在植物园新园区共分散种植了30多株形态各异的造型罗汉松。

28．**黑松**（*Pinus thunbergii* Parl.）

松科松属，别名白芽松，常绿乔木，高可达30米，胸径可达2米。幼树树皮暗灰色，老则灰黑色，粗厚，块片状脱落。树冠宽圆锥状或伞形。针叶2针一束，背腹面均有气孔线。

黑松枝干苍劲有力，树冠翠绿，四季常青，具有一种朴拙阳刚之美，树形形态自然，富有画意。在名树名花园小山坡上种植了3株形态各异的黑松，通过盆景中的半悬崖式与斜干式结合造景，形成独特的迎客松之景。

29. 圆柏（*Juniperus chinensis* L.）

柏科刺柏属，乔木或小乔木，树皮深灰色，纵裂，成条片开裂。幼树的枝条通常斜上伸展，形成尖塔形树冠，老则下部大枝平展，形成广圆形的树冠。园林上已培育出多个栽培变种，刺柏树干苍劲古朴、叶色翠绿，枝条枝叶柔软下垂，优雅别致，孤植在山石之间，往往能成为构景中的焦点所在，而且更能突出其苍劲高洁的特质。

30．榔榆（*Ulmus parvifolia* Jacq.）

榆科榆属，又名小叶榆、秋榆、豺皮榆、构树榆等，落叶乔木，有时冬季叶变为黄色或红色，宿存至第二年新叶开放后脱落，高可达 25 米，胸径达 1 米。树皮灰褐色，成不规则鳞状薄片剥落，内皮红褐色。叶边缘从基部至先端有钝而整齐的锯齿。

榔榆树形优美，姿态挺拔，树皮斑驳，树干曲折，新叶嫩绿，造型效果好，耐修剪。在名树名花园华芳苑中，结合山石、亭子构成一幅具有中国古典园林特色的画。

31．红花檵木（*Loropetalum chinense* var. *rubrum* Yieh）

金缕梅科檵木属，又名红檵木、红檵花，常绿灌木或小乔木。树皮暗灰色或浅灰褐色，多分枝。嫩枝红褐色，密被星状毛。叶革质，卵形。花 3~8 朵簇生在总梗上呈顶生头状花序，紫红色。花期为 4—5 月，花期长，30~40 天，国庆节能再次开花；果期为 8 月。

红花檵木常年叶色鲜艳，枝繁叶茂，姿态优美，耐修剪、蟠扎，开花时节满树红花，瑰丽奇美，极为夺目，是花、叶俱美的观赏树木。东莞植物园园区主要是利用它红色叶子的暖色调与满园的翠绿冷色调形成鲜艳的对比，达到让植物造景渲染出园林景观中热情奔放的效果。

32．箣柊［*Scolopia chinensis*（Lour.）Clos ］

大风子科箣柊属，常绿小乔木或灌木。树皮浅灰色，枝和小枝常具不分枝硬刺，长 1~6 厘米。叶椭圆形或长圆状椭圆形，两侧各有一腺体，全缘或有细锯齿。总状花序腋生或顶生，花小，淡黄色，花盘肉质，花柱丝状，和雄蕊等长浆果圆球形。花期为 5—6 月，果期为 9—12 月。生于丘陵区疏林中。

植物园岩石园与名树名花园各种植了 1 株造型箣柊，箣柊的枝条柔美，耐修剪，易造型，叶色嫩绿。配在山石之间，植株丰满犹如孔雀开屏，观赏价值极高。

33．烟火树［*Clerodendrum quadriloculare*（Blanco）Merr.］

唇形科（原马鞭草科）大青属灌木，原产菲律宾及太平洋群岛等地，中国也有零星分布。栽培当年花开不断，花期可长达半年之久。聚伞形花序，顶生，小花密集，花筒紫红色，前端炸开5片洁白耀眼的长型花瓣，花色绚丽多彩，好似繁星闪烁，犹如“团团烟火”，吐露的花蕊金丝银柳一般。

烟火树除具观赏性外，它也跟大青属多数植物一样，具有药用价值。它的生命力极强，一年四季都可移栽成活，适应范围广，南北皆宜，不择土壤，且抗病虫害，株型美观，既可观叶又可观花，花期又长，是非常良好的园林、园艺景观树种。

34．红花玉蕊（*Barringtonia acutangula* Korth.）

玉蕊科玉蕊属常绿乔木，原产亚洲南部至澳大利亚东南部的海岸湿地，有时在海岸潮间带常与红树植物混生，因此也被称为半红树植物，但也能在陆地非盐渍土生长，是一种开花非常美丽的庭园观赏花木。它的花只在晚间开放，白天早落，是黑夜中绽放的精灵。它的花序长而下垂，长达 50 厘米或更长，花序上多达几十朵花，自上而下次第开放，红色的花朵在月光的映射下，悄然开放，酷似神秘的“月下美人”。在原产地，它的花期可长达半年，但在广东地区，它的花期是 7—8 月。

35．桉叶藤（*Cryptostegia grandiflora* R. Br.）

萝藦科桉叶藤属，木质藤本，叶对生，花大而美丽，花形筒状，色彩紫红，数朵排成顶生的聚伞花序，萼片披针形，花冠漏斗状，裂片5，花药与柱头合生，蓇葖粗厚，广歧，有3翅。

36．风铃木（*Handroanthus chrysanthus*）

风铃木类植物是紫葳科栎铃木属、风铃木属和金铃木属植物的统称，是世界著名的热带木本花卉。全球有约 100 种原生种，原产于美洲热带和亚热带地区的雨林地区，自 20 世纪 70 年代开始逐渐引入我国，以观花为主，是优良的园林景观树种，有“热带樱花”的雅称。

风铃木色彩多样，会随四季变换不同的彩衣，具有春华、夏实、秋绿、冬枯的独特风韵，在华南地区城市植物景观营造中得到广泛应用。目前较常见的品种包括黄花风铃木（巴西国花）、金黄栎铃木、洋红风铃木等。

37．羊蹄甲（*Bauhinia* L.）

豆科羊蹄甲属乔木、灌木或藤本植物的统称，广布于世界热带、亚热带地区，全属大约有 300 种，我国有 47 种，主产于南部和西南部。羊蹄甲叶先端两裂，好似羊蹄，其花形态秀美，色彩娇艳，是良好的观花和观叶植物，被广泛应用于园林景观营建，是颇具华南特色的乡土植物。

当前园林景观中应用较多的羊蹄甲属植物包括羊蹄甲、宫粉羊蹄甲、白花羊蹄甲、红花羊蹄甲、嘉氏羊蹄甲和首冠藤等，其中应用最广泛的是宫粉羊蹄甲和红花羊蹄甲，常说的香港市花“洋紫荆”为红花羊蹄甲。

38．朱槿（*Hibiscus rosa-sinensis* Linn.）

锦葵科木槿属，又名扶桑、大红花，是观花灌木或小乔木，原产于中国，现世界热带及亚热带地区广泛种植，是马来西亚和斐济的国花，美国夏威夷州州花，我国南宁市市花，常用来象征美好、爱情、热情和繁荣。

朱槿栽培品种有 3 000 个以上，花色有红、黄、粉、白色等，由于其花色大多为红色，所以中国岭南一带将之俗称为大红花。朱槿花型优美，花冠有单瓣和重瓣，朝开暮落，但日日不绝，整株植物连续花期可达 3 个月之久。根据其花型，朱槿可分为三大品系：喇叭形品系、牡丹形品系和吊灯形品系。

39. 辐叶鹅掌柴［*Schefflera actinophylla*（Endl.）Harms］

五加科鹅掌柴属，又名澳洲鸭脚木、昆士兰伞树，原产澳大利亚及太平洋中的一些岛屿，我国华南地区常见栽培。

常绿乔木。掌状复叶，形似伞状；小叶叶柄长，小叶椭圆形，先端钝，有短突尖，叶缘波状，浓绿色，革质，有 9~12 片，部分多达 16 片，长 20~30 厘米，宽 10 厘米。花为顶生伞形花序，新开花色稍淡，逐渐鲜红，后变成褐色。浆果，圆球形，熟时紫红色。

40．沙漠玫瑰（*Adenium obesum* Roem. et Schult.）

夹竹桃科沙漠玫瑰属，又名假杜鹃，原产南非、东非至阿拉伯半岛地区，在肯尼亚等干旱地区和近沙漠地区广泛栽植，花朵盛开时繁盛壮观，花色犹如红玫瑰热情奔放。

灌木状，茎干光滑，白绿色或灰白色，茎基和主根膨大肥硕近似象腿。单叶互生，集生枝端，倒卵形，全缘，肉质，近无柄。顶生伞房花序，花期为5—12月，花朵漏斗状，形似喇叭，花冠5裂，有玫红、粉红、白色及粉白复色等。角果，长豆荚状，浅褐色，种子长粒状，淡黄色，两端有白色柔毛。

41．金蒲桃［*Xanthostemon chrysanthus*（F. Muell）Benth.］

桃金娘科金缨木属，又名黄金熊猫，原产澳大利亚东北部海岸雨林。常绿小乔木，树干通直，株型挺拔。叶色亮绿，对生、互生或丛生枝顶，披针形，全缘，革质，叶表光滑，揉搓有番石榴气味，新叶带有红色。球状花序，初开时黄绿色，随后转为黄色，近凋谢时为金黄色，小花直径 5 厘米左右，花瓣退化，花萼倒卵状圆形，5 片，雄蕊多数，呈放射状。蒴果杯状球形，萼筒在幼果期开裂脱落，蒴果熟时 4 裂。

42．非洲霸王树（*Pachypodium lamerei* Drake）

夹竹桃科棒槌树属，原产于非洲马达加斯加西南部。外形奇特，茎干肥大挺拔，看起来像超大的棒槌。

大型肉质乔木，茎干圆柱形，棕褐色或褐绿色，茎干上密布乳突状瘤块，瘤块上大多密生一簇簇的硬刺。茎顶端簇生绿色长广线形叶片，叶缘较尖，叶柄及叶脉淡绿色或绿色。花冠白色，中心黄色，簇生于顶端，花瓣5枚。

43．冬红（*Holmskioldia sanguinea* Retz.）

又名帽子花，马鞭草科冬红属，性喜高温，适宜生长在华南热带、南亚热带地区。常绿木本灌木。枝条具蔓性；小枝四棱形，具四槽，被毛。叶对生，膜质，卵形或宽卵形，基部圆形或近平截，叶缘有锯齿。3 朵小花组成聚伞花序，每 2~6 个聚伞花序再组成圆锥状；花萼呈圆盘形，花冠管从花萼中心伸出，微弯曲，花冠管慢慢变粗，顶端 5 浅裂，盛放时花呈红色，雄蕊 4 枚，与花柱一同伸出花冠外。冬红是典型的鸟媒植物。

44．赤苞花（*Megaskepasma erythrochlamys* Lindau）

爵床科赤苞花属常绿半木质化灌木，又名巴西羽毛、爵床胭脂。原产于哥斯达黎加、尼加拉瓜、萨尔瓦多、委内瑞拉等，在我国广东、广西、云南等地均有栽培。因其苞片鲜艳醒目，层层叠叠，形似斗篷，故有“巴西红斗篷”（Brazilian red-cloaks）之称。

赤苞花株型雅致，高可达 3~4 米，茎具膨大的节。叶浅绿色，对生。花序顶生，由众多苞片组成；苞片由深粉色到红紫色不等，主要起保护作用；二唇状的白色花冠通常早凋，但赤红色苞片花后宿存，可维持长达 2 个月而不脱落，层层迭起，颜色鲜艳。

45．红冠桉［*Corymbia ptychocarpa*（F. Muell.）K. D. Hill & L. A. S. Johnson］

桃金娘科伞房桉属，又名皱果桉，原产澳大利亚西澳、北澳和昆士兰州。红冠桉因树形较小，花色鲜艳，果形奇特，观赏价值高，近年来，已成功在我国引种驯化，成为我国南方优良的园林树种。

中等乔木，树干灰白色，高 8~10 米。叶革质，长矛形，深绿色，主脉明显，叶柄略带红色。花密集顶生，花朵直径可达 7 厘米，盛开时鲜艳夺目，似艳丽的瓶刷挂满枝头。种壳木质化程度较高，果实具蒴果，含种子 8~10 粒。它的果实就像一件工艺品，是时下较热的网红花材之一，具极高的观赏性。

46．铁冬青（*Ilex rotunda* Thunb.）

冬青科冬青属，又名救必应、万紫千红、龙胆仔（广东）、白沉香（福建）、白银树（台湾）等，因其叶片深绿色、嫩枝紫色、果实鲜红色，寓意满堂红，在园林应用中习惯称为“万紫千红”。

常绿乔木，树冠伞形。当年生幼枝具纵棱，较老枝具纵裂缝。叶片薄革质，单叶，互生，全缘。花序腋生，聚伞或伞形状，花小，芳香，单性，雌雄异株，花期为3—4月。果近球形或椭圆形，由绿色逐渐转红，熟时为鲜红色，浆果，果熟期为11月至翌年4月，观赏期长，观赏价值高。

47．**大花第伦桃**（*Dillenia turbinate* Finet et Gagnep.）

五桠果科五桠果属，又名大花五桠果，因其属名 *Dillenia* 音译为“第伦”，且果实形似桃而得名，我国主要分布于广东、广西、海南和云南等地，越南也有分布。大花第伦桃树姿优美，嫩叶红艳，树冠开展如盖，下垂至近地面，具有极高的观赏价值，花大耀眼，果红娇艳，是春夏观花、观果的常绿树种。

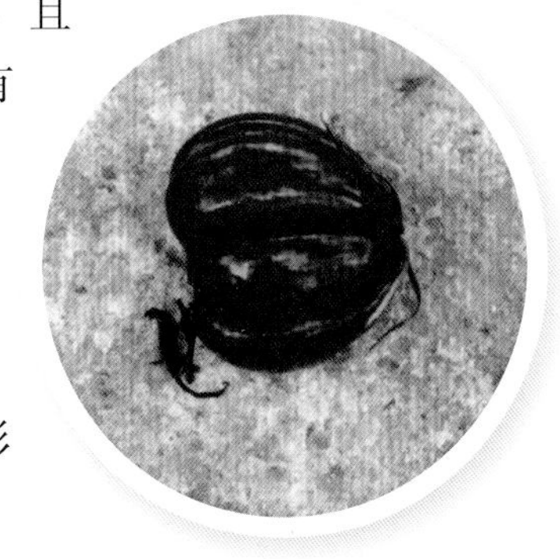

常绿乔木，枝条、叶面、叶柄、总花梗均被褐毛。叶互生，革质，边缘有齿，新叶嫩红色。总状花序顶生，着花 3~5 朵，花大有香气，单瓣 5 枚，勺状，黄色，有时为黄白色或浅粉色，花柱散射状，花期为 3—6 月。果实近球形包于增大的萼内，暗红色，多汁略带酸味，可作果酱原料，果期为 6—8 月。

48. 火烧花［*Mayodendron igneum*（Kurz）Kurz］

紫葳科火烧花属小乔木，典型的老茎生花植物，花冠橙黄色至金黄色，短总状花序着生于老茎或侧枝上，如熊熊燃烧的火焰，故名火烧花。火烧花分布于台湾、广东、广西、云南（南部），常生于干热河谷、低山丛林，现常用于园林绿化，是优良的园林树种。

在西双版纳地区，很多少数民族把火烧花的花朵当蔬菜食用，长期以来形成了外人难以体会的火烧花文化。

49．红花荷（*Rhodoleia Champ.* ex Hook. spp.）

金缕梅科红花荷属植物一般为小乔木，树形美观，叶片较大，正面亮绿色，叶背粉白色，在日光下闪闪发光。大型头状花序，花量大，花瓣红色，瓣多枚（24~30 枚），花瓣边缘乳白桃红，形似吊钟，又像荷花，在广东素有“红钟一响，黄金万两”的寓意，冬春季开花（12 月下旬至翌年 3 月），花期长，是理想的蜜源和观赏树种。

50．**桂叶黄梅**（*Ochna thomasiana* Engl. & Gilg）

金莲木科金莲木属，叶片互生，长椭圆形，叶端有针状突尖，叶缘疏锯齿状，厚革质叶片很像桂叶，5 片花瓣，形似梅花，颜色鲜黄，所以叫桂叶黄梅。它又有一个有趣的别名“米老鼠树”，花瓣飘落后，变红的花托与黑色的果实一块儿，看起来就像一只红脸米老鼠。

51．垂序金虎尾（*Lophanthera lactescens* Ducke）

金虎尾科金虎尾属，常绿小乔木，原产于巴西。树冠塔形，分枝多，叶对生，肉质，深绿色，有光泽，长椭圆形，花冠黄色，雄蕊多数，花药淡黄色，花聚生成总状花序，长可达40~50厘米，下垂。其树姿优雅，花期长，观花时景观新奇，观赏价值较高。

52. 口红花［*Aeschynanthus pulcher*（Blume）G. Don］

苦苣苔科芒毛苣苔属，优良的垂吊植物，花叶观赏价值都比较高，叶片对生，稍带肉质，表明光滑光亮，小枝上稍稍有毛，花序多腋生或顶生，花萼筒状，暗紫色被绒毛，花冠筒状鲜红色，从花萼中伸出，宛如从筒中旋出的“口红”，故得名口红花。

53．红蕊金缨木（*Xanthostemon youngii* C. T. White et W. D. Francis）

桃金娘科金缨木属，又名年青蒲桃，原产于澳大利亚昆士兰州约克角半岛东部沿海地区。常绿灌木或小乔木，叶片绚丽多彩，革质，嫩叶鲜红艳丽，具光泽，老叶暗绿色，青翠欲滴，冬季叶片多具红褐色斑点，花簇生，花冠鲜红，花丝红色，花药金黄，观赏价值较高，为新优园林树种。

54．橙花破布木（*Cordia subcordata* Lam.）

紫草科破布木属，别名心叶破布木、仙枝花，原产于我国海南，非洲东海岸、印度、越南及太平洋南部诸岛屿有分布。

常绿小乔木，叶为单叶互生，卵形，基部钝或略为心形，糙纸质，聚伞花序与叶对生，花萼革质，圆筒状，花冠橙红色，漏斗形，观赏价值较高，同时其根系较浅且发达，适应沙土和干旱，防风效果比较好，可作为海滩防风林建设树种。

55．麻栗坡兜兰（*Paphiopedilum malipoense* S. C. Chen et Z. H. Tsi）

兰科兜兰属地生兰或半附生兰，是野生兰中最重要的发现之一，是兜兰属现存种类中最为原始的类型，也是杓兰属向兜兰属过渡的一个中间类型。其唇瓣变成了标志性的“兜”，似拖鞋，具有这种特征的兰花均被称为“lady's slipper orichids”（女士的拖鞋兰）。

叶基生，2列，上面有深浅绿色相间的网格斑，背面具紫色斑纹。花葶直立，顶生1朵花；花径8~9厘米，黄绿色或淡绿色，花瓣上有紫褐色条纹。该种自被发现以来，就因其独特的花色和香气而广受欢迎，目前在野外的数量非常稀少，是我国极稀有的兰花种之一。

56．杏黄兜兰（*Paphiopedilum armeniacum* S. C. Chen et F. Y. Liu）

兰科兜兰属地生或附生兰，原产于中国云南碧江地区，国家Ⅰ级重点保护野生植物，是我国特有兰科濒危物种。杏黄兜兰别名金童，有“兰花大熊猫”之称，与硬叶兜兰并称为“金童玉女”。杏黄兜兰为斑叶种，叶片观赏价值较高。

杏黄兜兰因其罕见的杏黄色，填补了兜兰中黄色系的空白，花大色雅，花期长达 40~50 天，更加令人称奇的是其花含苞时呈青绿色，初开时为绿黄色，全开时为杏黄色，后期金黄色，在阳光下闪耀出一片金辉，显得富丽而华贵，堪称兜兰中的上品。

57．暖地杓兰（*Cypripedium subtropicum* S. C. Chen et K. Y. Lang）

兰科杓兰属地生植物，产于中国亚热带南缘山地的西藏墨脱，是杓兰属中奇特而原始的代表类群之一。

暖地杓兰植株高可达 1.5 米，根状茎粗短，叶多枚互生，花 3~5 朵，兜唇红褐色并有黄色斑，花形奇特，色彩艳丽，是兰科植物中极具特色和观赏性的种类之一。

58．云南火焰兰（*Renanthera imschootiana* Rolfe）

兰科火焰兰属，为国家Ⅰ级重点保护野生植物，仅在我国云南中南部元江有分布。茎攀援，长达1米，叶多枚，2列，矩圆形，革质。花序腋生，长达1米，花开展，花瓣黄色带红色斑点，花红而艳丽，开花时犹如火焰，故名云南火焰兰。

云南火焰兰分布范围狭窄，数量稀少，被誉为“植物中的大熊猫”，也是《中国生物多样性红色名录——高等植物卷》的极危（CR）物种和《濒危野生动植物种国际贸易公约》附录Ⅰ物种。

59．铁皮石斛（*Dendrobium officinale* Kimura et Migo）

为石斛之上品，名列“中华九大仙草”之首，素有“千年仙草”“救命仙草”“植物黄金”等美誉，其剪去部分须根后，边炒边扭成螺旋形或弹簧状，烘干，习称“铁皮枫斗（耳环石斛）”。

铁皮石斛是国家重点保护的珍稀濒危药用植物，药用价值历代为人们所推崇。

60．大猪哥蕾丽兰［*Rhyncholaelia digbyana*（Lindl.）Schltr.］

兰科蕾丽兰属，是热带兰花卡特兰的重要杂交亲本之一。大猪哥蕾丽兰花色为淡淡的苹果绿，十分清新，唇瓣是它最具特色的地方，充满了毛状的褶皱，呈流苏状，让人过目不忘。花径大，约 17 厘米。花期一般在春季和夏季，花期长，为 15~20 天。大猪哥蕾丽兰花具香味，但白天香味很淡，只有在晚上才会散发出独特迷人的芳香，人们常用它来制作香水。

61．蜂腰兰（*Bulleyia yunnanensis* Schltr.）

兰科蜂腰兰属单种属，附生兰植物，特产于我国云南西北部和东南部，生于海拔 1 300~2 500 米的林中树干上或山谷旁岩石上，是国家重点保护的野生植物。

具短粗根状茎；假鳞茎密集，干后金黄色，有光泽；顶端具 2 枚叶；花葶生于假鳞茎顶端，与幼时同时出现，甚长，具多花；花白色，唇瓣淡褐色，花序长 30~66 厘米，有花 20 余朵，具有极高的观赏价值和育种价值。

62．笋兰［*Thunia alba*（Lindl.）Rchb. f.］

兰科笋兰属落叶性地生兰，属名*Thuina*，为纪念19世纪欧洲园艺学家Thun Hohenstein伯爵而命名。

笋兰因茎粗壮，圆柱形，有节，顶端很细，外形如小竹笋，故一般称之为石笋、岩笋。叶片灰绿色，秋季落叶。总状花序顶生，花茎短，有花3~7朵；花大，花径达10余厘米，花瓣、萼片白色，唇瓣淡黄色；花大而美丽，具芳香。

63．异型兰（*Chiloschista yunnanensis* Schltr.）

兰科异型兰属，分布于我国云南的东南部和南部。其形态独特，茎不明显，通常无叶，至少在花期时无叶。根附生于树干上，根中具有叶绿素，能进行光合作用。花色斑斓，萼片和花瓣茶色或淡褐色，唇瓣黄色，花期 3—5 月。异型兰观赏价值极高，是一类珍奇的兰科植物。

64．魔鬼文心兰［*Psychopsis papilio*（Lindl.）H. G. Jones］

兰科拟蝶唇兰属地生兰。其名字的由来有一个小故事，相传，当年植物学家发现这种兰花后，被其独特的花深深吸引，但因其花太过惊艳，竟无法用一般的形容词来描述它，故称它为“魔鬼”，从此“魔鬼文心兰”的雅号流传至今。

参考文献

陈媛，秦华，2010．意大利台地园林解析 [J]．现代农业科技，（6）：200-201．

胡永红，2010．天使的乐园——儿童植物园 [J]，园林．（1）：32-33．

黄宏文，2018．中国植物园 [M]．北京：科学出版社．

李建国，2008．荔枝学 [M]．北京：中国农业出版社．

马彦，董然，2011．花境植物造景的研究进展 [J]．北方园艺，（11）：189-192．

潘俊峰，陈燕，梁琼，等，2017．岩石园的植物造景研究——以英国爱丁堡皇家植物园岩石园为例 [J]．安徽农业科学，45（34）：176-179．

任海，段子渊，2017．科学植物园建设的理论与实践 [M]．2 版 . 北京：科学出版社．

孙磊，2016．岩石园——石缝中飞舞的生命 [J]．园林，（8）：56．

汤珏，包志毅，2005．植物专类园的类别和应用 [J]．风景园林（1）：61-64．

王瑶，潘卉，2014．世界三大园林体系形式特征的比较 [J]．山西建筑，40（29）：223-224．

王羽梅，2008．中国芳香植物 [M]．北京：科学出版社 .

许艳，蒋梦云，孙钦花，2015．芳香植物在园林绿地中的应用 [J]．现代农业科技，（23）：185-189．

印红，2011．常见苏铁类植物识别手册 [M]．北京：中国林业出版社．

袁经权，缪剑华，2009．我国药用植物园的历史沿革 [C]// 中国植物学会植物园分会编辑委员会．中国植物园．12 期 [M]．北京：中国林业出版社，6-13．

张德顺，王伟霞，刘红权，等，2016．植物园规划创新模式探索 [J]．风景园林，（12）：113-120．

中国植物志编委会，1978．中国植物志：第七卷 [M]．北京：科学出版社．

中国植物志编委会，1979．中国植物志：第二十七卷 [M]．北京：科学出版社．

中国植物志编委会，1980．中国植物志：第十四卷 [M]．北京：科学出版社．

中国植物志编委会，1984．中国植物志：第四十九卷 [M]．北京：科学出版社．

中国植物志编委会，1986．中国植物志：第三十八卷 [M]．北京：科学出版社．

中国植物志编委会，1988．中国植物志：第三十九卷 [M]．北京：科学出版社．

中国植物志编委会，1989．中国植物志：第六十四卷 [M]．北京：科学出版社．

中国植物志编委会，1990．中国植物志：第五十六卷 [M]．北京：科学出版社．

中国植物志编委会，1996．中国植物志：第七十九卷 [M]．北京：科学出版社．

中国植物志编委会，1998．中国植物志：第二十二卷 [M]．北京：科学出版社．

中国植物志编委会，1999．中国植物志：第四十五卷 [M]．北京：科学出版社．

中国植物志编委会，2004．中国植物志：第六十六卷 [M]．北京：科学出版社．

CHEN X Q, LIU Z J, ZHU G H, et al, 2009. Flora of China. 25. Orchidaceae［M］. Science Press, Beijing, China & Missouri Botanical Garden Press, St. Louris, USA.